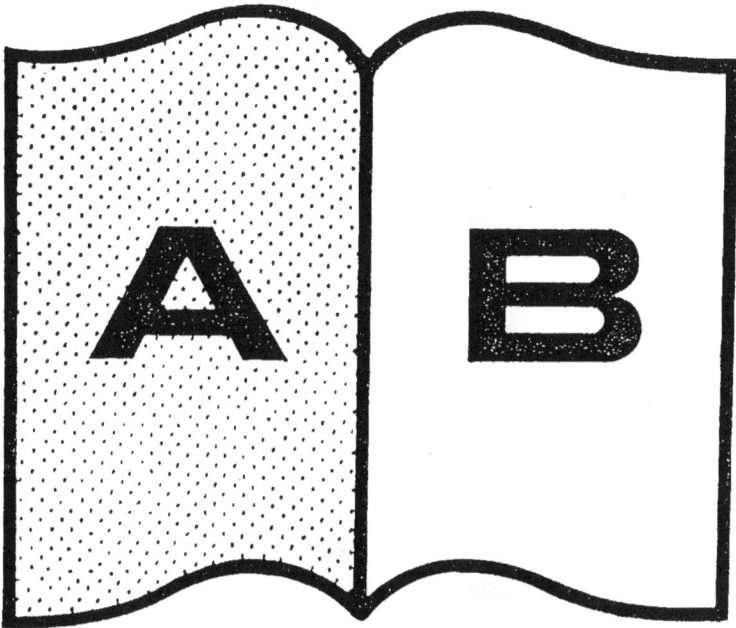

Contraste insuffisant

NF Z 43-120-14

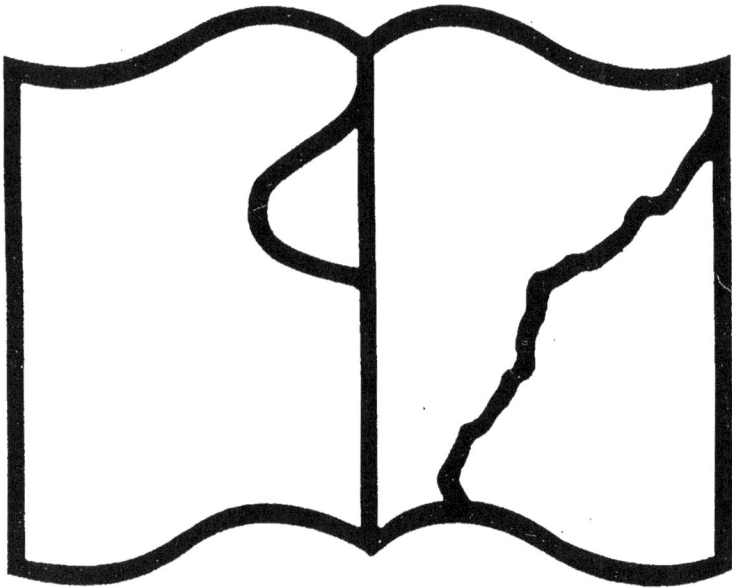

Texte détérioré — reliure défectueuse

NF Z 43-120-11

EXAMEN

IMPARTIAL

DES

EPOQUES DE LA NATURE

de Mr. le Comte

DE BUFFON.

PAR L'ABBÉ F. X. D. F.

*Pour un homme à fyſtême, ce n'eſt pas une
ſi grande affaire, qu'un rêve de plus.* J. J.
Rouſſeau.

EXAMEN
IMPARTIAL
DES

Epoques de la nature

De M^r. le Comte

DE BUFFON.

C'EST ici le fommaire & le ré-fultat de la très-célebre *Hiftoire naturelle*, ouvrage du grand homme confidéré comme le Pline de la France & de ce fiecle. En lifant les *Epoques de la nature*, on s'inftruit de tout ce qui conſtitue le ſyſtême général du monde tel que M^r. de Buffon l'a expoſé avec des traits & des couleurs qui ne peuvent que charmer l'imagination & ſubjuguer les eſprits dociles.

La phyſique de cet illuſtre philoſophe, eſt devenue celle de toutes les nations. De Péterſbourg à Lisbonne, de Rome à Philadelphie, on cite le ſavant M^r. de Buffon; ſes opinions font régle; & quel eſt le naturaliſte qui préſumeroit aſſez de ſes lumieres, pour n'acquieſcer pas à des aſſertions revêtues de tous les charmes de l'éloquence & appuïées du plus grand nom? Les anciennes hypothèſes ſe font évanouies comme l'ombre à l'approche du grand jour. Les écrivains ſubalternes ont reçu la loi ſans oppoſition, & ceux même qui ſembloient aſpirer au premier rang, ſe font mis à la ſuite d'un chef déja maître de l'opinion publique; ils ont cru leur gloire mieux affermie en s'aſſociant celle d'un homme qui en avoit tant acquis, & tout ce qu'ils ont écrit ſur les matieres qu'il a traitées, a eu le ton de la répétition. Le *Dictionnaire* de M^r. Valmont de Bomare n'eſt, dans la plûpart des articles, qu'une copie, ſouvent littérale, des ouvrages de M^r. de Buffon; les nouvelles éditions des anciens auteurs ont paru avec des notes & des obſervations contradictoires au texte, pour ſubſtituer aux perſuaſions qui avoient paru diriger leur phyſique, celles qui venoient d'être revêtues de la fanction d'un génie créateur (a).

Si cédant à l'impreffion de l'enthoufiafme général, je me joignois à la multitude de fes admirateurs & de fes difciples, fi au fuffrage de l'univers j'affociois celui d'un littérateur obfcur & ignoré; ce foible hommage n'ajouteroit rien à la célébrité de cet homme rare, & le bruit n'en parviendroit pas jufqu'à lui.

Mais fi par des obfervations modeftes & refpectueufes je contribue à faire concevoir de l'excellence de fes écrits une idée peut-être plus circonfcrite mais plus vraie, & dès-lors plus flatteufe & plus durable; fi j'en fais mieux fortir les beautés & les lumieres par le contrafte de quelques défauts & de quelques ombres, j'aurai réuffi à épurer en quelque forte les raïons de fa gloire en les dégageant de toute fplendeur illufoire.

Mes doutes, mes objections même ne peuvent affoiblir ni retarder la marche de fon

(a) C'eft ainfi, par exemple, que Mr. le baron d'Holbach a farci de notes les ouvrages de quelques minéralogiftes allemands, & en particulier le Traité de la pyrite par Henckel, pour les réfuter dans l'occafion & fubftituer à leurs idées celles de Mr. de Buffon; pour faire intervenir dans toutes les opérations de la nature l'idée de la conflagration & de l'océan univerfel. En général tout ce qui a été revu, traduit, commenté, depuis l'impreffion de l'*Hiftoire naturelle*, a reçu l'empreintes des hypothefes de Mr. de Buffon; à moins que la nature du fujet n'en ait point été fufceptible.

A 3

triomphe. Déja son nom plane fur les idées humaines, & traîne après lui toutes les intelligences enchaînées pour ainfi dire au char de feu qui le tranfporte au temple de l'immortalité. Vînt-il dans fa courfe radieufe à avoir connoiffance de ce genre d'oppofition de la part d'un fimple mortel, il ne s'arrêteroit pas plus à la combattre que ces conquérans rapides, qui trouvant fur le chemin de la victoire quelque petite place qui réfifte imprudemment à leur puiffance, dédaignent de la foumettre, pour précipiter leurs pas vers la poffeffion d'un empire.

Le début de l'auteur eft digne de lui. Aux premiers traits du tableau on reconnoît le peintre. " Comme dans l'hiftoire civile, on con-
,, fulte les titres, on recherche les médailles,
,, on déchiffre les infcriptions antiques, pour
,, déterminer les époques des révolutions hu-
,, maines, & conftater les dates des événe-
,, mens moraux; de même, dans l'hiftoire
,, naturelle, il faut fouiller les archives du
,, monde, tirer des entrailles de la terre les
,, vieux monumens, recueillir leurs débris,
,, & raffembler en un corps de preuves tous
,, les indices des changemens phyfiques.....
,, Le paffé eft comme la diftance; notre vue
,, y décroît, & s'y perdroit de même, fi l'hi-
,, ftoire & la chronologie n'euffent placé des

,, fanaux, des flambeaux aux points les plus ,, obſcurs ,,. P. 1 & 2 (a).

Il y a dans le diſcours préliminaire & dans la ſuite de l'ouvrage pluſieurs paſſages où brille la même éloquence, ce langage animé & pit-toreſque qui attache en même tems qu'il per-ſuade; mais ils ſont moins multipliés que dans la plupart des volumes qui ont précédé celui-ci. La marche ſerrée & rapide d'un ſyſtême immenſe, n'a point permis à l'habile archi-tecte de prodiguer les ornemens à toutes les parties de ce vaſte édifice. Il a préféré une conſtruction ſimple, afin que des yeux ordi-naires en ſaiſiſſent l'ordre & la dépendance avec autant de facilité que les ſpectateurs les plus inſtruits.

Les *Epoques de la nature*, ſont donc un ouvrage en quelque ſorte didactique, où l'o-rigine du monde, & des élemens qui le com-poſent ſont expliqués comme ils le ſeroient dans un traité de phyſique; la pureté du lan-gage, un ſtile coulant, facile, agréable, en font le caractere, mais les grands tableaux y ſont rares; ils y ſeroient déplacés.

L'ancienne & générale opinion étoit que le Créateur avoit tiré du néant la vaſte ma-chine du monde en un inſtant, par un acte de volonté auſſi incompréhenſible en lui-même

---

(a) Je cite toùjours l'édition des *Epoques* in-12°, de l'imprimerie royale; & l'édition in-4°. de l'*Hiſtoire naturelle*, également de l'imprime-rie royale, dont le premier tome porte 1749.

qu'efficace dans fes effets, que par des com-
mandemens fuccefifs, mais rapidement exé-
cutés, l'ordre, l'utilité, l'agrément, étoient
fortis de la maffe d'abord informe de la
matiere. M^r. de Buffon y emploie un grand
nombre de fiecles. Il divife en fept époques les révolutions diverfes qui ont achevé
l'architecture de notre globe, & l'enfemble de
ces époques, jufqu'au moment où elles ont
été mefurées par cet homme célebre avec une
précifion étonnante, forme un efpace de
76,000 ans.

Ces fept époques font préfentées par l'illuftre auteur dans fept tableaux différens, dont
il donne dans le difcours préliminaire une idée
générale. A la premiere époque la terre & les
planétes ont pris leur forme, ont produit leurs
fatellites &c. La feconde a confolidé la roche
intérieure de la terre & les grandes maffes
vitrefcibles qui font à fa furface. Après quoi
les eaux font venues, & ont couvert toute la
terre qui étoit déja vieille de 25,000 ans (p. 105)
& même de 35,000 (p. 131); c'eft la troifieme époque. Une multitude incroïable de volcans
commencerent à lancer leurs feux l'an 50,000;
delà une quatrieme époque. La cinquieme eft
illuftrée par les élephans qui font venus (on
ne dit pas d'où) habiter les terres du nord.
C'étoit l'an 60,000. La féparation des continens fait la fixieme époque & la 65,000 année. La derniere époque vit arriver l'homme
pour feconder par fa puiffance celle de la nature, l'an 67,000 ou 69,000.

Avant que d'entreprendre l'explication de

ces *Epoques* diverses, M^r. le comte de Buffon nous donne une idée de la formation de la terre & des planétes. Il falloit que ces globes exiftaffent pour prendre une forme déterminée & confiftante, pour recevoir toutes les qualités & toutes les productions néceffaires à des mondes habitables (a). C'eft donc de leur origine que M^r. de Buffon s'empreffe à nous inftruire. Or c'eft au foleil ainfi qu'à une comète que tout le fyftême planétaire eft redevable de ce qu'il eft.

Quant au foleil, M^r. de Buffon ne s'occupe point de fa formation ; foit qu'il fe foit rencontré fur *la route éternelle du tems,* P. 2. foit que quelque autre foleil ait engendré celui-ci, ou qu'une comète, enflammée par l'action du foleil, foit devenue foleil elle-même, il fuffit que ce grand aftre fe trouva tout brillant dans l'immenfité de l'efpace. Mais, comme il lui manquoit une comète pour coopérer avec lui à la formation des planétes, il arriva fort à propos un événement qui pourvut à tout.

Vers l'an 60,000 avant l'exiftence des éléphans, & 35,000 avant la naiffance des animaux à coquilles, il fe fit *une explofion*

(a) Pour mettre plus d'ordre dans l'explication des *Epoques,* j'ai confidéré comme un préliminaire la fortie de la matiere planétaire du foleil. L'état des planétes immédiatement après leur projection m'a paru plus propre à fixer la premiere époque. Mr. de Buffon paroit avoir envifagé la chofe de la même façon, quoique la diftinction ne foit pas affez marquée.

P. 66. *d'une étoile fixe, ou d'un soleil voisin du nôtre, dont toutes les parties dispersées, n'aïant plus de centre ni de foïer commun, ont été forcées d'obéir à la force attractive de notre soleil, qui, dès-lors est devenu le foïer & le pivot de toutes les comètes. Nous & nos neveux n'en dirons pas davantage.*

On feroit fans doute bien curieux fi on alloit s'informer, d'où a pu venir cette terrible explofion d'un foleil, quelle efpece de matiere, contenue dans fon fein depuis peut-être des millions d'années, & fe mêlant dans fon état de fufion avec toutes les autres matieres, a pu tout-à-coup caufer un tel éclat ? fi on alloit demander d'où vient que les parties éparfes ne fe font pas réunies à la plus con-fidérable en vertu d'une attraction toute na-turelle (a), plutôt que d'aller chercher un centre étranger & inconnu à des millions de lieues ? fi on alloit examiner pourquoi, de-puis qu'il y a des hommes fur la terre & des étoiles dans le ciel, il n'y a jamais eu d'exem-ple d'une explofion de ce genre (b), &c. Toutes

---

(a) En parlant de certaines chofes fuivant les idées reçues, je ne prétends pas être en contradiction avec des doutes ou des objec-tions que je puis avoir propofés ailleurs. C'eft dans les opinions dominantes, dans les fyftê-mes de faveur, & non dans mes perfuafions particulieres que je dois chercher mes preuves.

(b) Je fuppofe que perfonne ne s'avifera de citer la prétendue étoile qui difparut en 1574 dans la Caffiopée, après y avoir paru l'efpace de 2 ans. 1°. Ce n'étoit qu'un météore qui, fuivant les
obfervations

ces queſtions feroient pour le moins très-
vaines. Il fuffit que l'explofion fe foit faite.
*Nous & nos neveux n'en dirons pas da-
vantage.*

Or dès que cette explofion eut procüré des
comètes à notre foleil, une de ces brillantes
compagnes *vint tomber fur lui obliquement,* P. 67.
*&, en fillonnant fa furface, chaſſa devant
elle les matieres miſes en mouvement par
fon choc.*

Selon les régles cette comète devoit tenir
une route différente. Nous avons vu que,
*n'aïant plus de centre ni de foïer commun,
elle a été forcée d'obéir à la force attractive de nôtre foleil devenu le foïer & le pivot
de toutes les comètes.* Et voilà la nouvelle
venue, qui oublie tout-à-coup fon *foïer* &
fon *pivot,* & va brufquement fillonner le
corps même du foleil, tandis que fes fœurs
vont tout bonnement leur train, & n'en ap-
prochent pas plus qu'il n'eft de raifon, fuivant l'immuable théorie des ellipfes (a).

---

obfervations des meilleurs aftronomes, étoit
beaucoup au deſſous de la lune. Quant à l'argument tiré du défaut de parallaxe, je le crois
fuffifamment apprécié par ce que j'ai dit dans
le 3me. entretien des *Obfervations philofophi-
ques fur les fyſtêmes.* Ce font toujours les *nouvelles étoiles* qui difparoiſſent, les anciennes
reftent. 2°. Ce météore ou étoile, fi l'on veut,
ne s'évanouit pas par explofion, fa lumiere
s'affoiblit peu-à-peu, & ceſſa enfin de paroitre
par une défection graduée.

(a) *Il eſt probable,* dit Mr. de Buffon, *qu'il
tombe de tems en tems des comètes dans le foleil, puifque celle de 1680 en a, pour ainfi dire,* P. 79.
raſé

Mais si la comète, sans aucune cause connue, a pris une route si différente des autres, il faut convenir que la maniere, dont elle a enlevé la 650me partie du soleil, n'en est pas moins admirable. Imaginez un corps qui, placé à 33,200 lieues du soleil, est 2000 fois plus échauffé qu'un fer ardent, & qui n'est cependant pas encore en fusion. Déja vous concevez un corps tel qu'il n'y en a pas dans toute la nature connue. Continuez à vous représenter ce même corps qui s'avance jusqu'au soleil même (a), péné-

tre

---

rasé la surface. C'est justement delà qu'on forme l'argument suivant : " Malgré la très-grande proximité de la comète de 1680, sa force centrifuge ne lui a pas permis de toucher le soleil, ni de transgresser le plan de son ellipse ; il est donc à croire que les autres comètes restent constamment soumises à la même loi ,,... Que diroit-òn de l'homme qui raisonneroit de la sorte : " Vénus dans son périhélie est fort près du soleil, Mercure l'est encore bien davantage, & se trouve presque noyé dans les rayons de cet astre ; *il est donc probable que les planétes tombent de tems en tems dans le soleil* ,,.

(a) A une lieue du soleil la cométe productrice de la terre, avoit un degré de chaleur, qui étoit à la chaleur de la comète de 1680, comme le quarré de 33,200 est à l'unité, c'est-à dire, comme 1,102,240,000 est à 1. Il faut donc multiplier ce nombre par 2000 pour savoir quelle a été la chaleur de la comète à une lieue du soleil, & sa supériorité sur la chaleur du fer rouge, & on trouve 2,204,480,000,000. Imaginez une espece de corps, quelque réfractaire qu'il soit au feu, qui ne soit pas en fusion dans ce degré de chaleur ; & prouvez

ensuite

tre dans la matiere ignée de ce globe immenfe, & néanmoins ne fe fond pas (a) ;
car, s'il entroit en fufion, il fe mêleroit à
la matiere conftitutive du foleil, comme
deux

---

enfuite que la cométe, qui fillonna le foleil,
étoit compofée de cette matiere. Sans cette
derniere démonftration, tout le fyftême croule.

(a) Pour éviter la fufion de la cométe malgré
la chaleur incompréhenfible qu'elle effuie, Mr.
de Buffon établit ce principe : *Pour échauffer* **P. 62.**
un corps jufqu'au degré de fufion, il faut au
moins la 15me partie du tems qu'il faut pour le
refroidir. J'avois cru, comme tout le monde,
que le tems néceffaire à la fufion, fe mefuroit fur
l'activité du feu, fur la qualité plus ou moins
réfractaire du corps à fondre ; j'avois cru qu'il
n'y avoit en général aucun rapport fixe entre
le tems requis pour le refroidiffement & le tems
requis pour la fufion, parce que le refroidiffement ne dépend pas du degré de chaleur ni
de la qualité de réfractaire, & que la fufion
plus ou moins lente en dépend ; enfin j'ai rai-
fonné de la forte : " Suivant Mr. de Buffon,
la chaleur n'eft que le toucher de la lumiere qui
agit comme corps folide, ou comme maffe de ma- **Hift. nat.**
tiere en mouvement ; par conféquent, fi la cha- **T. III, p.**
leur, comme nous venons d'en voir un exem- **355.**
ple, eft infiniment plus grande que celle qui
eft requife pour une fufion lente & produite
dans le tems ordinaire ; *la lumiere, comme corps*
folide, agira d'une maniere infiniment plus vive
& plus rapide ; *la maffe de matiere en mouve-*
ment, pénétrera la cométe, dont il s'agit, avec
une viteffe qui fera à celle avec laquelle le feu
de nos forges pénétre le fer, dans le rapport
de 2,204,480,000,000, à 1 ; c'eft-à-dire, que, fi
par un feu femblable à celui des forges, elle n'étoit
entierement pénétrée qu'en 2,204,480,000,000
jours, elle le feroit en un feul jour, fi elle
étoit placée à une lieue de diftance du foleil „.

deux gouttes d'eau fe confondent l'une dans l'autre; il n'y auroit ni choc, ni fillonnement, ni éjaculation d'une 650me partie, la terre & toutes les planétes refteroient dans le cahos de leur matiere premiere.

L'adroite cométe non - feulement a fçu conferver fa folidité, mais elle a fçu heurter le foleil dans un alignement fi bien calculé, que la 650me partie en eft fortie divifée en 6 éclats, fans aucune divergence, fans aucune diverfité de direction, pour circuler perféveramment dans le même fens. . . . . . Qu'un corps, quel qu'il foit, vienne à être frappé directement où obliquement; s'il s'éclate, les pieces, qui en jailliffent, prennent des routes très-variées; c'eft une gerbe de traits qui fe divergent & s'écartent en tout fens. Admirons le choc de la cométe & fes effets, avec d'autant plus de raifon, que la chofe eft fans exemple, & que l'épreuve s'en répéteroit fans réuffir durant une éternité entiere.

A combien d'heureux hazards devons-nous notre exiftence, frêles créatures, grands raifonneurs, qui habitons la fuperficie de ce globe autrefois de feu, & qui un jour fera de glace * ! D'abord cette cométe, qu'on peut regarder comme l'aïeule de nos mondes, conferve fa folidité. 2°. Elle quitte fon ellipfe. 3°. Elle fillonne le foleil. 4°. La matiere du foleil, quoique très-fluide, au lieu de céder, comme il arrive, quand un corps folide entre dans l'eau, & de fe replier fur les

* En 168000.

matieres voifines (a), jaillit hors du foleil, ne reffent plus la force attractive de ce vafte globe, ou du moins n'en eft pas affez affecté pour 'rechercher de fitôt le centre de fa gravitation. 5°. Au lieu de fuivre l'impulfion donnée par la cométe, & de jaillir fuivant la ligne oblique qu'elle décrivoit; au lieu de fuivre l'exemple des cómetes formées par l'explofion d'une étoile fixe, les planétes nouvellement nées fe mettent à tourner autour du foleil d'une maniere inconnue à toutes les cómetes paffées & à venir. Ce n'eft pas tout.

On fait que, fuivant la régle établie par Newton & adoptée par tous les phyficiens modernes, le point de l'efpace, où s'eft donné la premiere impulfion, où les planétes ont reçu leur projection, eft le premier trait de leur ellipfe. C'eft au même point qu'elles retourneront à chaque révolution de leur orbite, tandis que l'enfemble du fyftême planétaire fubfiftera. Ici il arrive toute autre chofe. Aucune des nouvelles planétes n'a jamais reparu dans l'endroit où elles ont reçu la force de projection. Elles font allées plus ou moins

---

(a) Mr. de Buffon convient que la matiere du foleil eft affez liquide pour céder au choc de la cométe. Il dit lui-même que, fi les cométes tombent à plomb, elles ne produifent d'autre effet que de déplacer le foleil. *Hift. nat.* t. I. *p.* 135. Or il eft impoffible de comprendre que le fluide ignée n'ait pas la légereté fuffifante pour céder à un choc oblique, s'il en a affez pour céder à un choc direct.

loin; mais le lieu de leur naiſſance ne les a plus vues ni enſemble, ni ſéparées; à moins de ſuppoſer, comme Mr. de Buffon eſt aſſez porté à le croire, que le ſoleil a été déplacé par la comète, & que les planétes, revenant au point de partance, ne l'ont plus retrouvé (a).

Mais la comète elle même, après avoir cauſé tant de fracas dans le corps du ſoleil, qu'eſt-elle devenue? Elle mérite certainement bien que nous nous en occupions. Sans la force & l'heureuſe direction de ſon choc, où ſeroient les mondes de notre ſyſtême planétaire, & les hommes qui les habitent (b)! La comète, en faiſant jaillir les 6 planétes, s'eſt unie en partie à l'une & en partie à l'autre, & a contribué infiniment à augmenter le produit de la 650e. partie du ſoleil. *Sa matiere s'eſt mêlée à celle des planétes, pour ſortir du ſoleil, & le ſoleil, après cette pér-* **P. 77.** *te, n'en eſt devenu que plus brillant.*

Peut-être ne comprendra-t-on pas, comment la comète, faiſant ſortir du ſoleil la matière des planétes, s'eſt aviſée de lui faire compagnie. On raiſonnera ſans doute de la manière

———————————————

(a) C'eſt la ſeule raiſon, de toutes celles que l'illuſtre auteur allegue, qui m'a paru bien intelligible. *Hiſt. nat. t.* I, *p.* 140. En l'admettant ſans aucune oppoſition, il reſte toujours vrai qu'il n'y auroit qu'une ſeule planéte qui ſeroit revenue au point de ſa projection, puiſque leurs ellipſes ne ſe réuniſſent en aucun point.

(b) J'ai montré ailleurs qu'il n'y avoit qu'un ſeul monde habité & habitable (*Obſ. phil. Ent.* 4 & 5). Je me conforme ici, tant que je puis, aux idées dominantes, & ſur-tout à celles de Mr. de Buffon.

niere fuivante. " Au moment du choc, ou la
cométe étoit en fufion, ou elle ne l'étoit pas.
Si elle étoit en fufion, elle a dû fe mêler
fans réfiftance avec la fubftance du foleil; fi
elle ne l'étoit pas, comment a-t-elle pu s'incorporer avec les planétes, renforcer leur volume & faire un même tout avec elles ? (a)

Un autre genre de difficulté qui fe préfente ici tout naturellement, c'eft qu'on fa-
che précifément quelle eft la partie du foleil
détachée par la cométe, tandis que la grandeur du foleil totale eft une chofe parfaitement inconnue à tous les aftronomes (b);

(a) Je prie le lecteur de faire une attention
particuliere à cette obfervation, qui me paroit être d'une évidence irréfiftible. Le départ
des planétes eft certainement arrivé au moment du choc : fi dans ce moment la cométe n'étoit pas en fufion, elle n'a pu *fe mêler
avec la matiere des planétes pour fortir du foleil.*
Si elle étoit en fufion, le choc a été impoffible, elle s'eft jointe fans fracas à la maffe
du foleil; l'exemple de deux gouttes d'eau qui
fe touchent & s'uniffent dans le même moment, de deux fleuves qui fe joignent pour ne
faire qu'une même maffe d'eau, font ici des
exemples décififs.

(b) Ce foleil, que le célebre Tycho croyoît
140, & Copernic 161 fois plus grand que la terre,
eft 1,000,000 plus grand felon Caffini; Mr. de
la Lande augmente ce dernier calcul jufqu'à
1,385,470; Wolff regarde comme d'étranges bé-
vues, tous les calculs qui ne font pas la
terre 3,511,808 plus petite que le foleil.
Après cela l'on comprend fans doute que Mr.
de Buffon a pu évaluer avec la plus extrême
précifion la 650me partie de cet aftre, tant
de fois pefé & mefuré, & toujours d'une maniere fi uniforme.

B

&, ce qui peut-être est plus étrange encore, c'est que la 650me partie du soleil, augmentée de toute la masse de l'énorme comète, n'a pas été augmentée d'un karat; ainsi que Mr de Buffon nous l'enseigne en termes exprès (a).

Mais il faut rendre justice à la modestie & à la circonspection de l'illustre naturaliste. En dessinant avec ce craion léger & hardi la formation du monde, il en parle lui-même comme d'un jeu de génie. *Ce font*, dit-il, *des rapports fugitifs, de légers indices qui peuvent fournir quelques conjectures, telles qu'on peut imaginer pour satisfaire, quoique très-imparfaitement, à la curiosité de l'esprit ...*

P. 65.

J'ai mis en avant, dit-il ailleurs, *non pas comme un fait réel, mais possible, que la matiere des planétes a été projettée hors du soleil par le choc d'une comète.*

P. 66.

Deux réflexions, qui dans ce moment se présentent à mon esprit, n'affoibliront pas le mérite de ces fages aveux. 1°. M^r. de Buffon ne nous donne cette hypothèse que comme *poffible*, comme *très-imparfaite*, & cependant elle fait la base de toute fa physique. La conflagration de la terre, fon état de fufion, fon élévation vers l'équateur, fon refroidiffement,

---

(a) *La masse du soleil a été diminuée d'un 650me.* Epoq. t. 1. p. 73. ══ *La matiere de la comète s'est mêlée à celle des planétes pour fortir du soleil.* Epoq. t. 1. p. 74. ── *Toutes les planétes avec leurs satellites ne font pas la 650me partie de la masse du soleil.* Hift. nat. t. 1. p. 136.

froidiffement, le vaſte regne & les longues opérations d'un océan univerſel, l'extinction & la naiſſance ſucceſſive des eſpeces végetales & animales, &c, tout cela eſt ſoigneuſement combiné & étroitement lié avec cette *choſe poſſible & très-imparfaitement ſatisfaiſante.* Or ce n'eſt jamais un enſemble de cette nature qui peut faire un tout ſolide; & en ébranlant le fondement, qu'on convient n'être pas bien ferme, il faut néceſſairement que tout l'édifice reçoive une ſecouſſe fort dangereuſe.

2°. Quelle raiſon peut nous obliger à recourir à ces ſortes de ſuppoſitions, qui ne préſentent qu'une *poſſibilité?* .... *C'eſt* reprend **P. 67.** l'illuſtre auteur, *qu'il n'y a dans la nature aucun corps en mouvement, ſinon les comêtes, qui puiſſent ou aient pu communiquer un auſſi grand mouvement à d'auſſi grandes maſſes.* Mais cette obſervation ne nous ſert de rien. 1°. S'il eſt vrai, comme Mʳ. de B. le dit en termes exprès, que la création eſt inconteſtablement l'ouvrage de Dieu (a), où eſt-il

(a) " *Créer,* dit Mr. de Buffon, *eſt tirer une* **P. 47.** *ſubſtance du néant; former ou faire; c'eſt la tirer de quelque choſe ſous une forme nouvelle; & il paroit que le mot créer appartient de préférence & peut-être uniquement au premier verſet de la Geneſe, dont la traduction préciſe en notre langue doit être; au commencement Dieu tira du néant la matiere du ciel & de la terre; & ce qui prouve que ce mot créer ou tirer du néant ne doit s'appliquer qu'à ces premieres paroles, c'eſt que toute la matiere du ciel & de la terre ayant été*

dit que le même Etre, qui felon lui créa la
matiere, n'a point donné le mouvement à
la matiere créée fans l'aide d'une cométe?
N'eft-il pas naturel de croire que le même
principe peut mouvoir & créer? Le célebre
Newton, ce pere de la phyfique moderne,
n'a point douté que la chofe ne fût ainfi;
il a fait mouvoir les aftres par l'auteur de
leur exiftence; c'eft par lui qu'ils ont été
lancés dans les orbites où ils circulent avec
tant d'exactitude & de perféverance. 2°. Le
genre de raifonnement qui foit le plus enne-
mi de la bonne logique, eft ce qu'on appelle
dans l'école *proceſſus in infinitum ;* c'eft-à-
dire, un genre de raifonnement qui entraîne
un nombre infini de queftions où la même
difficulté revient toujours. Or c'eft ce qui
arrive évidemment dans le cas préfent. Car,
en accordant que l'impulfion d'une cométe a

été créée ou tirée du néant dès le commencement,
il n'eft plus poffible, & par conféquent plus permis
de fuppofer de nouvelles créations de matiere ,
puifqu'alors toute matiere n'auroit pas été créée
dès le commencement..... Tout concourt donc à
prouver que la matiere a été créée in principio ,..
Les fentimens de Mr. de Buffon à l'égard du
Créateur répondent parfaitement à l'idée qu'il
a de la création, comme on peut le voir p.
P. 42. 42, 51, 55, 57, &c. ===== Je n'examine pas fi
ces divers paffages tiennent bien étroitement à
l'enfemble du fyftême général de Mr. de Buffon ;
mais comme je dois croire qu'un auffi grand
homme ne peut être que fincère & conféquent,
il me fera permis de prendre fes affertions pour
régle, dans l'examen de fes hypothefes.

produit les planétes, il refte à favoir d'où vient cette cométe, par qui fon impulfion a été fi heureufement dirigée ; il refte à favoir qui a créé le foleil dont la prétendue ex-plofion a fait naître la cométe, & quel a été le principe de cette explofion, &c. &c. C'eft précifément le cas de ces docteurs de l'In-douftan, qui ne pouvant concevoir que la terre refte fufpendue dans le vuide de l'ef-pace, affurent qu'elle eft fupportée par un éléphant. Quand on leur demande qui fou-tient l'éléphant, ils répondent une tortue ; mais fi on va jufqu'à s'informer de l'appui de la tortue, ils ne favent plus que dire.

Cependant la défiance avec laquelle Mr. de Buffon parle lui-même de fon hypothefe, ne fe foutient guere. Bientôt gagné par la ten-dreffe toute naturelle pour une production chérie, fruit de longues fpéculations, de péni-bles & d'affidus efforts, il l'appelle *un grand fyf-* P. 75. *tême* dont *peu de gens ont faifi les rapports & l'enfemble.* Il prétend que ceux qui n'en apperçoivent pas l'évidence, font fans yeux & fans faculté d'appercevoir. *Tout parle,* dit-il, Ibid. *à des yeux attentifs, tout eft indice pour ceux qui favent voir ; mais rien n'eft fen-fible, rien n'eft clair pour le vulgaire, & même pour ce vulgaire favant qu'aveugle le préjugé.* Voilà un langage bien différent de celui où l'on ne parloit que de *poffibilité* & de *conjectures peu fatisfaifantes.* Mais les deux langages font parfaitement affortis à la nature humaine ; le premier eft celui d'un philofophe sage & équitable, l'autre celui d'un pere tendre & prévenu.

L'on ne doit donc pas être surpris qu'après avoir traité son hypothese avec une indifférence apparente, il y revienne sans cesse avec une affection très-vive, présentant la même idée sous différens points de vue, & avec le langage d'une politique souple & variée; demandant quelques fois pour elle de l'indulgence & une espece de crédulité de la part du lecteur, & quelques fois donnant un défi en forme de la contredire & de la combattre. C'est sur ce dernier ton qu'il fait la récapitulation générale des opérations du soleil & de la comète, en grouppant des demandes auxquelles il suppose qu'il est impossible de ne point répondre affirmativement. *Je demande,* P. 79 dit-il, *s'il y a dans l'univers quelque corps excepté les comètes qui ait pu communiquer ce mouvement d'impulsion?* (Nous avons vu que l'action des comètes ou de quelque corps que ce fût, étoit inutile. 1°. Parce qu'il resteroit à examiner d'où vient ce corps, & d'où il a eu le mouvement. 2°. Parce que l'idée de la création renferme le mouvement des planétes, suivant le grand Newton; j'ajouterai, *& suivant Mr. de Buffon;* car je lis dans l'*Histoire naturelle* t. 1. p. 131., mot à mot ce qui suit: *Cette force d'impulsion a certainement été communiquée aux astres en général par la main de Dieu, lorsqu'elle donna le branle à l'univers*). —— *Je demande s'il n'est pas probable qu'il tombe de tems à autre des comètes dans le soleil?* (Je pense

avoir montré que non, & cela par l'histoire
de tous les siecles, par la nature des forces
centrifuges & par la théorie des ellipses). ——
Je demande si une cométe en sillonnant la sur-
face du soleil, ne communiqueroit pas son
mouvement d'impulsion à une certaine quantité
de matiere qu'elle sépareroit du corps du soleil?
(Nous avons observé 1°. que si la cométe
s'est mêlée, comme M^r. de Buffon le dit,
à la matiere des planétes, elle étoit en fusion,
& n'a pu produire de sillonnement. 2°. Qu'elle
n'avoit pu donner à la partie détachée du soleil la direction & le cours uniforme des planétes). —— *Je demande, si suivant la dif-*
férente densité des matieres, les plus légeres
ne seroient pas poussées plus loin que les plus
denses par la même impulsion. (Oh ! pour
cela, très-sûrement non ; j'en appelle à tout
homme instruit des premieres régles du mouvement. Les plus denses vont toujours plus
loin que les plus légeres, *par la même im-*
pulsion, s'entend. Et cela parce que les corps
ont plus de mouvement à proportion qu'ils
ont plus de densité & de masse (a). Chargez
un

(a) Mr. de Buffon pour garantir son hypothese
des conséquences d'un principe aussi incontestable, avance comme un fait certain que le vo- Hist. nat. t.
lume des matieres légeres étoit plus grand, & I. p. 144.
que *la force d'impulsion se communique par les sur-*
faces. 1°. Où est-il dit que les parties les plus
légeres s'unirent en plus grand volume? Les
plus massives ayant plus de force attractive, ont
dû naturellement former des volumes plus grands
en s'unissant plus de matieres. 2°. Si la force d'impulsion

un cañon de boulets de bois & de fer, & obſervez lesquels iront plus loin (a). Mais une réflexion plus ſimple & tout auſſi évidente qui ſe préſente ici, c'eſt que cette ſéparation des matieres denſes & légeres par le choc de la cométe, eſt la plus creuſe de toutes les imaginations poſſibles (b), démentie par les faits & par la raiſon). ⸺ *Je demande*

---

pulſion eſt en raiſon des ſurfaces, un boulet de fer n'aura preſqu'aucune force en comparaiſon d'un bloc quarré de bois qui reçoit l'impulſion ſur toute l'étendue d'un de ſes côtés, tandis que le boulet ne la reçoit que dans un point. Je laiſſe aux Staticiens à diſcuter plus amplement ce principe.

(a) Envain Mr. de Buffon en appelleroit-il à l'expérience faite dans le vuide. 1°. Ce vuide eſt *imaginaire. L'athmoſphere du ſoleil ſemblable à celle des planètes forme une ſphère de vapeurs qui s'étend à des diſtances immenſes, peut-être juſqu'à l'orbe de la terre,* p. 83. Voilà donc au moins 30 millions de lieues que les parties denſes & légeres ont parcouru avant que d'atteindre le vuide ; Mercure, Vénus & la Terre ſont toujours reſtés en-deçà, & les autres ont eu tout le tems de ſe ranger ſelon les régles du mouvement reçues dans des milieux qui font réſiſtance. 2°. Il eſt très-faux que ce n'eſt que dans l'air, que les parties les plus denſes ont plus de mouvement. C'eſt par leur denſité, par leur maſſe que le degré de mouvement s'évalue, & point du tout par le milieu où il s'exerce. Si dans l'air les corps peſans le conſervent plus long-tems que les légers, c'eſt qu'ils en ont davantage.

(b) Comment toutes les matieres miſes en fuſion, mêlées, confondues dans le ſoleil, ont-elles pu ſe ſéparer ainſi par un ſeul choc ? Les plus denſes avoient pénétré ſans doute les plus poreuſes ; & le choc ſurvenant n'a pas emporté

les

mande si la situation de tous ces globes pres-
que dans le même plan n'indique pas asses
que le torrent projetté, n'avoit pour cause
qu'une seule impulsion, puisque toutes les par-
ties de la matiere dont il étoit composé, ne se
sont éloignées que très-peu de la direction com-
mune. (Encore un coup , je crois avoir
montré qu'il est contre toute vraisemblance
que les éclats jaillis d'un corps frappé au hazard , aient la même direction ; j'ajoute que
dans le cas dont il s'agit ici , la chose est
contre toute possibilité. Le corps de l'énorme
cométe n'aïant pu pousser dans le même sens
les parties qu'il frappoit de ses deux côtés
opposées). —— *Je demande où & com-*
ment la terre & les planétes auroient pu se
liquéfier, si elles n'eussent pas résidé dans le
corps même du soleil. (Je répondrai à cette
demande , en examinant le grand argument qui
établit la liquéfaction de la terre , l'occasion
s'en présentera bientôt). —— *Je demande si*
l'on peut trouver une cause de cette chaleur
& de cet embrasement du soleil autre que
celle du frottement intérieur produit par l'ac-
tion

les unes avec les autres ?... Si cela est, les minéralogistes vont être au fait d'un secret merveilleux pour séparer les métaux, en donnant un
coup violent à un volume liquide d'or, de plomb,
de cuivre , d'argent &c , ils en feront le triage
de la maniere la plus sure & la plus exacte. L'or
restera en arriere, le plomb ira plus loin , le
cuivre, l'argent &c atteindront à une distance
proportionnée à leur densité respective. —— Je
dois cette observation à Mr. l'abbé de Lignac,
auteur des *Lettres à un Américain*, imprimées
en 1756.

tion de tous ces vastes corps qui circulent autour de lui. (S'il est vrai, comme M^r. de
Buffon l'assuré, que *Dieu a créé la matière
in principio*, p. 48; s'il est vrai, comme il
le dit encore, que *la force d'impulsion a été
communiquée aux planètes par la main* de
Dieu. Hist. nat. t. 1. p. 131; je conçois bien
mieux, que Dieu à créé un astre composé
de feu & de lumière, que je ne conçois ce
frottement intérieur causé par des comètes & des
planètes qui circulent autour de lui à la distance
de quelques centaines de millions de lieues).———
*Enfin je demande qu'on examine tous les
rapports, que l'on suive toutes les vues, que
l'on compte toutes les analogies sur lesquelles
j'ai fondé mes raisonnemens*(c'est ce que je con-
tinuerai de faire avec toute l'attention possible)
*& que l'on se contente de conclure avec moi,
que si Dieu l'eût permis, il se pourroit par
les seules loix de la nature, que la terre &
les planètes eussent été formées de cette manière.* (Je m'en garderai bien). Quoi! Dieu qui
créa la matière in principio, Dieu qui *certainement donne l'impulsion aux planètes*, n'auroit
d'autre part à *la formation de la terre & des
planètes*, que de ne pas s'y être opposé, &
d'avoir gardé dans la production de cet univers une espece de neutralité! Cela paroît fort....
& je dois me *contenter de conclure avec* M^r.
de Buffon, que cela est ainsi?.... Tandis
que je m'efforce d'avoir de la docilité & de
conclure, je m'éprends tout-à-coup de ce beau
passage de l'éloquent naturaliste, p. 42. *Je
suis affligé toutes les fois qu'on abuse de ce
grand, de ce saint Nom de Dieu; je suis*

blessé toutes les fois que l'homme le profane,
& qu'il prostitue l'idée du premier Etre, en
la mêlant à celle du phantôme de ses opinions (a).

Le discours préliminaire finit par une espèce de commentaire sur la Genèse, qu'on
n'est pas peu surpris de trouver à la fin d'u-
ne histoire de la formation de la terre par
les seules loix de la nature. Cependant la sur-
prise n'est pas fondée à tous égards. Si Newton a pu expliquer l'Apocalypse, pourquoi
seroit-il indigne du Pline françois d'expliquer
la Genèse? Voici le début de ce commentaire.

*Avant d'aller plus loin, hâtons-nous de
prévenir une objection grave, qui pourroit* P. 41.
*même dégénérer en imputation. Comment ac-
cordez-vous, dira-t-on, cette haute ancien-
neté que vous donnez à la matière, avec les
traditions sacrées, qui ne donnent au monde
que six ou huit mille ans? Quelque fortes
que soient vos preuves, quelque fondés que*

(a) Les paroles que Mr. de Buffon ajoute immédiatement à ce passage, quelques sentencieu-
ses qu'elles soient, deviennent presque plaisantes
quand on réfléchit sur la *conclusion* qu'il demande de nous. *Plus j'ai pénétré*, dit-il, *dans le
sein de la nature, plus j'ai admiré & profondément
respecté son Auteur.* ⹀ Qu'a pu voir Mr. de
Buffon *dans le sein de la nature* qui lui fît tant
admirer & respecter son Auteur? Une *permission*,
une *non opposition*, un peu de *complaisance* enfin, qui a empêché Dieu de brouiller la nature & de
la troubler dans ses opérations. Il faut convenir
que cette *admiration* & ce *respect* ne sont pas
bien puissamment motivés.

foient vos raifonnemens , quelque évidens que
foient vos faits , ceux qui font rapportés dans
le Livre facré , ne font-ils pas encore plus
certains. Les contredire , n'est-ce pas manquer à Dieu qui a eu la bonté de nous les
révéler ? ... Qui n'admirera pas le difcours
de ce bon homme de théologien qui en at-
taquant les hypothefes de M^r. de Buffon par
l'autorité de la Genefe, commence par reconnoître fes *faits & fes raifonnemens évidens ;*
& qui prétend enfuite que les faits rapportés
dans les Livres faints font plus *certains en-*
core que les *faits évidens,* qui les combattent ! Je doute que M^r. de Buffon ait jamais
rencontré de Chrétien ou de Juif, qui raifonnât
de la forte. Et c'eft-là l'idée qu'il prétend nous
donner des défenfeurs des Livres faints ? ...
Cet homme célebre auroit-il affez peu de reffource pour emploïer celle des injures ?

M^r. de Buffon explique enfuite ces paroles
au commencement Dieu créa le ciel & la
terre, & affure que d'abord la terre étoit informe, ce qui eft vrai; il ajoute qu'elle n'a
pris fa forme que dans une longue fuite de
fiecles ; c'eft ce que la Genefe ne dit pas ,
& c'eft ce qu'il nous donnera occafion de
difcuter plus amplement. Les fix jours, felon
lui , ne font pas des jours proprement dits ,
mais *fix efpaces, fix intervalles de durée,*
qui n'ont aucun rapport avec nos jours ac-
tuels. Je n'examine pas la vérité de cette affertion , qui à certains égards pourroit être
indifférente , mais je ne puis m'empêcher d'obferver les deux raifons que M^r. de Buffon alle-

gue

gûe de cette différence énorme des jours de
la Genefe avec les nôtres. La premiere eft
qu'*il s'eft paffé fucceffivement trois jours,
avant que le foleil ait été placé dans le ciel.* **P. 49**
Comme fi la maffe de feu, non épurée encore
& qui devient enfuite foleil, qui produifoit
le jour, n'avoit pu le produire dans le même
efpace de tems. La feconde raifon c'eft que
*l'interprete de Dieu compte toujours du foir
au matin, au lieu que les jours folaires doivent fe compter du matin au foir.* Mʳ. de
Buffon peut-il ignorer que *l'interprete de Dieu*
éroit Juif, & que les Juifs *comptoient toujours du foir au matin* (a) ; ils *comptoient*
encore de la forte du tems d'Arcadius, où
les jours fans doute avoient *quelque rapport
avec les jours actuels* (b).

Mais à quoi bon raifonner fur la longueur
des fix jours, puifque ces fix jours n'ont *aucun rapport* avec les *fept Epoques de la nature*? Chacun de ces jours fût-il de 15,000
ans, quel avantage en tireroit Mʳ. de Buffon
en faveur de fon hypothefe? Quelle relation
entre les coquillages produits par des molécules à la troifieme époque; & les poiffons, coquilles &c, produits le cinquieme jour par l'ordre

---

(a) Exod. XVIII. 12. ══ Luc. XXIII. 54.
(b) Il eft aifé de s'en convaincre par ce paffage
de Synefius. *Erat tum dies, quam Judæi nomine
Parafceven agunt, ac noctem infequenti diei impu-
tant; per quam manum admovere operæ non licet;
itaque clavum manibus gubernator abjecit, poft-
quam folem occidiffe conjectatus eft.* Epift. 4.

dre exprès de Dieu? Quelle reſſemblance entre les planétes, créées le quatrieme jour, &
les volcans de la quatrieme époque? Qu'eſt-
ce que la diviſion des continens à la ſixieme
époque, a de commun avec la création de
l'homme opérée le ſixieme jour? &c... Quel
peut donc être le but de ce commentaire phy-
ſico-théologique? Si c'eſt pour appuïer la nouvelle hypotheſe, il eſt évident que c'eſt une
prétention vaine. Si c'eſt pour décréditer la
phyſique de Moïſe & l'hiſtoire de la création, c'eſt un *manque de reſpect à la plus*
P. 51. *ancienne, à la plus ſacrée de toutes les tra-*
ditions.

Une régle que donne ici M^r. de Buffon,
P. 51. mérite d'être obſervée. *C'eſt de ne ja-*
mais nous permettre de nous écarter de la
lettre de cette ſainte tradition que quand la
lettre tue, c'eſt-à-dire, quand elle paroit di-
rectement oppoſée à la ſaine raiſon. Maxime,
que je prends pour la mienne, & à laquelle je
tiendrai bien fermement dans les articles qui
me reſtent à diſcuter. J'examinerai toujours ſi
la *lettre tue.* Et ſi par hazard je ne ſuis pas
tué, c'eſt-à-dire, en oppoſition avec la ſaine
raiſon, pour ne pas croire la terre produite
par une cométe; d'abord liquide, puis refroidie, couverte d'un océan univerſel durant
20,000 ans, chargée dès-lors d'une multitude
d'animaux à coquilles, organiſés par des *molé-*
cules vivantes, &c; ſi, dis-je, la mécréance
de tout cela ne me *tue* pas, je prendrai la
liberté de n'en rien croire.

La phyſique de Moïſe paroit bien mau-
vaiſe à M^r. de Buffon; mais il faut examiner ſi
peut-être il ne lui fait pas tort. *Voïons*, dit- **P. 52.**
il, *ce que c'étoit la phyſique dans ces premiers âges du monde, & ce qu'elle ſeroit
encore ſi l'homme n'eût jamais étudié la nature.* Je ne ſais s'il faut juger ſa phyſique par
les hypotheſes qu'ont imaginé, ſur-tout dans
ce ſiecle, les hommes qui *ont étudié la nature*; mais on me permettra de citer ici M^r. de
Voltaire, *homme qui*, au témoignage de M^r.
de Buffon, *mérite par la ſupériorité de ſes* **P. 4I3.**
talens les plus grands égards, & pour lequel
M^r. de Buffon a *la plus haute eſtime*, parce
que c'eſt un *homme rare & l'honneur de ſon
ſiecle.* Or dans une lettre de M^r. de Voltaire à M^r. de la Sauvagere (a), je lis les
paroles ſuivantes qui, dans l'intention très-
clairement exprimée de M^r. de Voltaire,
regardoient l'hypotheſe de M^r. de Buffon :
                                        Notre

_____

(a) On peut voir cette lettre dans le Journal
hiſt. & littér. de Luxembourg, du 15. Mai 1778,
p. 99. ———— Journal Encyclop. Février 1778,
p. 133. ———— *L'extraordinaire, le vaſte*, dit
ailleurs le même Mr. de Voltaire, *les grandes
mutations, ſont des objets qui plaiſent quelques
fois à l'imagination des plus ſages. Les philoſophes veulent de grands changemens dans la ſcene
du monde, comme le peuple en veut aux ſpectacles...
Les philoſophes, qui font un monde, ne font guere qu'un monde ridicule.* Penſées de Mr. de Volt.
Seconde partie. p. 20, art. Syſtème. Edit. de
1765. ———— Enfin comme on ne ſauroit trop citer un homme pour lequel Mr. de Buffon *a
conçu la plus haute eſtime*, & qu'il eſt d'ailleurs
plus naturel de rapporter de ce poëte, *l'honneur*
                                              de

*Notre ſiecle ſe vante d'étudier l'hiſtoire na-
turelle, hélas ! il n'étudie que des fables
contre nature.* ▬▬▬ *On voit,* continue Mᴿ.

P. 52. de Buffon, *le ciel comme une voute d'azur*
(on le voit encore aujourd'hui de la
même façon), *dans lequel le ſoleil & la
lune paroiſſent être les plus conſidérables.*
(C'eſt encore la même choſe en 1780 ; mais
ſi Mᴿ. de Buffon veut faire entendre que
Moïſe a parlé de *voute d'azur,* il s'eſt
trompé ; ou que le ſoleil & la lune ſont
nommés dans la Geneſe *les aſtres les plus
conſidérables,* il s'eſt trompé encore ; il eſt
dit ſeulement que ce ſont deux *grands lumi-
naires,* ce qui eſt très-vrai ; la lune eſt plus
grande pour nous par la quantité de *lumiere*
que ce *luminaire* nous envoie, que toutes
les étoiles fixes enſemble. Une bougie, qui
nous éclaire de près, eſt pour nous une
plus grande *lumiere,* que cent flambeaux éloignés). ▬▬▬ *dont le premier produit toujours
la lumiere du jour, & le ſecond fait ſouvent celle de la nuit.* (C'eſt enviſager la
choſe par ſon endroit utile ; & ſans doute
que les aſtronomes ne dédaigneront pas plus
                                        que

de ſon ſiecle, des vers plutôt que de la proſe,
voici ce que j'ai lu dans un petit poëme, ouvrage de cet homme rare, intitulé *Les ſyſtêmes :*

...Les mers chinoiſes ſont encore étonnées
D'avoir par leurs courans formé les Pyrenées.
Chacun fit ſon ſyſtême, & leurs doctes leçons
Sembloient partir tout droit des petites maiſons.

que le vulgaire, la lumiere que ces aftres bienfaifans nous envoient de nuit & de jour).

—— *On les voit paroître ou fe lever d'un* P. 53. *côté, & difparoître ou fe coucher de l'autre, après avoir fourni leur courfe & donné leur lumiere pendant un certain efpace de tems.* (Les favans & les ignorans les voient *pa-roître* de la même façon, ils en parlent dans les mêmes termes. Je ne vois pas quel rapport particulier toutes ces obfervations ont avec la Genefe). —— *On voit que la mer eft de même couleur que la voute azurée, & qu'elle paroit toucher au ciel, lorfqu'on la regarde au loin. Toutes les idées du peuple fur le fyftême du monde ne portent que fur ces trois ou quatre notions; & quelque fauffes qu'elles foient, il falloit s'y conformer pour fe faire entendre.* (Peu importe fur quoi *portent les idées du peuple;* il eft toujours certain que Moïfe n'a parlé ni de *voute azurée,* ni de *la couleur de la mer,* ni de fa jonction avec *le ciel* (a), & qu'on ne peut fe figurer à quoi tend cette énumération d'idées populaires). —— *En con-* P. 53. *féquence de ce que la mer paroit dans le lointain fe réunir au ciel, il étoit naturel*

(a) Je n'examine pas s'il ne s'eft pas trouvé quelque interprete, dont l'imagination aura at-tribué à Moyfe ce qu'il n'a ni dit ni pen-fé. J'en connois un qui s'eft donné fur cette matiere d'étranges libertés, & c'eft chez lui que les favans du jour vont puifer leurs lumieres fcrip-turiftiques. Il fuffit que le texte de la Genefe ne contienne rien de ce que D. C. a cru y voir, & que Mr. de Buffon n'en puiffe donner aucune preuve.

C

d'imaginer qu'il existe en effet des eaux su-
périeures & des eaux inférieures, dont les
unes rempliffent le ciel, & les autres la
mer, & que pour foutenir les eaux fupérieures, il falloit un firmament, c'eft-à-dire,
un appui, une voute folide & tranfparente,
au travers de laquelle on apperçût l'azur
des eaux fupérieures. (Les eaux inférieures font les eaux de la mer, des fleuves, des
lacs, &c; les eaux fupérieures font les nuées,
& fur-tout les vapeurs, les eaux rarefiées répandues dans l'athmofphere à une hauteur
prodigieufe; l'air, qui les foutient & les fépare
des premieres, eft l'*expanfum*, *la chofe
étendue*, en hébreux *rakiah*; ce que l'auteur de la Vulgate a rendu par *firmamentum*.
C'eft ainfi que les faints Peres les plus judi-
cieux, faint Bafile, faint Anfelme, le Véné-
rable Bede, &c, ont expliqué le *firmament*;
c'eft ainfi que les interpretes les plus verfés
dans l'intelligence des langues, le P. Petau
en particulier, ont entendu ce *rakiah*; &
d'autres paffages des Livres faints expriment
clairement la nature de ce firmament (a).
Que devient après cela la *voute folide &
tranfparente*, *l'azur des eaux fupérieures*,

(a) Les eaux, dit Job, font comme enchaînées dans les nuées, afin qu'elles ne fe précipi-
tent pas à la fois fur la terre. *Qui ligat aquas quafi
in nubibus, ut non erumpant pariter deorsùm.* Job.
26. —— L'air, dans l'idée de David, eft étendu
fur la terre *comme une efpece de tente*, au-
deffus de laquelle font les eaux fupérieures :
*Qui extendit cœlum * ficut pellem, qui tegit aquis
fuperiora*

* L'air dans
l'Ecriture
eft toujours
appellé *ciel*.

cette *mer qui se réunit au ciel*, & tant d'autres belles chofes ? En vérité, c'eft dommage). —— *C'eft à ces mêmes idées que fe rapportent les cataractes du ciel, c'eft-à-dire, les portes ou les fenêtres de ce firmament folide qui s'ouvrirent, lorfqu'il fallut laiffer tomber les eaux fupérieures pour noïer la terre.* (Comme je viens de faire voir que ce *firmament folide* ne fe trouve nulle part dans le récit de Moïfe (a), il eft inutile d'en chercher *les portes ou les fenêtres.* Les cataractes *qui s'ouvrirent, lorfqu'il fallut laiffer tomber les eaux fupérieures pour noïer la terre,* font les nuées réunies & condenfées, qui verferent des pluies durant quarante jours & quarante nuits, mais plus particulierement ces nuées qui tombent en maffe, qui dans un moment ravagent des provinces entieres & caufent les inondations les plus deftructives). —— *C'eft encore d'après ces*

fuperiora ejus. Pfalm. 103. —— Quelques fois le firmament eft pris pour tout l'efpace, depuis la terre jufqu'aux cieux, comme dans le 17. verfet du 1. chap. de la Genefe.

(a) Le feul endroit des Livres faints, qui préfente l'idée d'un *firmament folide,* eft ce paffage du livre de Job, où un des interlocuteurs dit, que les cieux font folides comme l'airain. *Tu forfitan cum eo fabricatus es cœlos, qui folidiffimi quafi ex ære fufi funt.* Job. XXXVII. ꝟ. 18. Mais le Seigneur ne tarda pas de déclarer que l'homme, qui enfeignoit une telle phyfique, n'y entendoit rien. *Refpondens autem Dominus Job de turbine, dixit: Quis eft ifte involvens fententias fermonibus imperitis?* Job XXXVIII. ꝟ. 1. & 2.

C 2

mêmes idées, qu'il est dit que les poissons & les oiseaux ont eu une origine commune. (On verra que cela n'est dit nulle part, dès le moment qu'on lira la Vulgate d'une maniere conforme au texte original *. Du reste, pourquoi ne croiroit-on pas que la matiere premiere des oiseaux a été tirée du sein de l'océan? Selon M^r. de Buffon, la matiere de tous les êtres vivans a fait partie du soleil. Seroit-il plus déraisonnable de croire les animaux ailés sortis de l'eau, que de les croire sortis du feu?) —— *Le peuple a toujours cru que les étoiles sont attachées comme des clous à cette voute solide.* (Pretend-t-on que Moïse eut dû le guérir de cette erreur? M^r. de Buffon lui-même ne le tenteroit pas avec confiance. Ce que *le peuple a toujours cru*, il le croit fortement & avec persévérance. Il suffit que Moïse n'ait pas plus parlé de ces *étoiles attachées comme des clous*, que M^r. de Buffon). —— *Il croit* (le peuple) *qu'elles sont plus petites que la lune, & infiniment plus petites que le soleil.* (En vérité le pauvre Moïse est à plaindre. On fait à son occasion le détail de toutes les erreurs astronomiques *du peuple*, & son livre n'en contient pas une). —— *Le peuple ne distingua pas même les planétes des étoiles fixes; & c'est pour cette raison qu'il n'est fait aucune mention des planétes dans tout le récit de la création.* (Je suis sûr qu'il y a peu de bergers *qui ne distinguent les planétes des étoiles*, quoiqu'ils ignorent la distinction grammaticale de ces deux noms. .... Mais voici une contradiction qui paroit ne pouvoir être

* *Producant aquæ reptile animæ viventis : & volatile volet super terram.* Gen. I. ℣. 20.

que l'effet de la diſtraction du ſavant auteur. Moïſe parle certainement des étoiles *. Se- lon M^r. de Buffon, *les planétes & les étoiles ne ſont pas diſtinguées; &* cependant *dans tout le récit de la création, il n'eſt fait au- cune mention des planétes.* J'avoüe qu'il y a là dé quoi occuper un eſprit conciliateur).——— *C'eſt par la même raiſon que la lune y eſt regardée comme le ſecond aſtre, quoique ce ne ſoit en effet que le plus petit de tous les corps céleſtes.* (J'ai déja obſervé qu'il étoit faux que la lune fût appellée le *ſecond aſ- tre,* un *grand aſtre,* &c; mais un grand *lu- minaire,* & j'ai prouvé que ce nom lui conve- noit mieux qu'à toutes les étoiles..... La lune abſolument *le plus petit des corps cé- leſtes.* Ah! c'eſt l'humilier trop. P. 88, je trouve un ſatellite de Jupiter *auſſi petit que la lune.* Ceux de Saturne ſont plus petits encore).

Après cette longue critique, dont aucun article ne me paroit fondé ſur le texte & le vrai ſens de la Geneſe, M^r. de Buffon ſem- ble s'occuper d'un ſentiment plus juſte, & fait de l'hiſtoire de Moïſe un éloge peut-être plus grand qu'il ne le penſe lui-même. *Tout dans le récit de Moïſe eſt mis à la por- tée de l'intelligence du peuple, tout y eſt repréſenté relativement à l'homme vul- gaire, qu'il ſuffiſoit d'inſtruire de ce qu'il devoit au Créateur en lui montrant les effets de ſa toute-puiſſance comme autant de bien- faits.* En effet, tel eſt le langage de la vérité, telle eſt l'impreſſion d'un récit dirigé par l'Eſ- prit de Dieu, que *l'intelligence du peuple* n'eſt

* Gen. 1. ꝟ. 16.

P. 55.

pas dans l'impuissance de s'y instruire ; l'homme *vulgaire* tout aussi bien que le savant, y
apprend *ce qu'il doit au Créateur*, & admire
*les effets de sa toute-puissance comme autant
de bienfaits :* tandis que dans les hypotheses de
l'illustre naturaliste, si nous voulons l'en croire

P. 75. lui-même, *rien n'est sensible, rien n'est clair
pour le vulgaire, même pour le vulgaire savant ;* il n'y a que les initiés qui y comprennent quelque chose.

Mais à la clarté & à l'intelligibilité du récit de Moïse, on doit ajouter d'autres préro-
gatives également précieuses & bien propres
à faire respecter le livre & l'auteur. La physique de Moïse est la plus simple, la plus
modeste & la plus sure, qui ait jamais été
écrite. Moïse est le seul écrivain qui ait mis
en pratique cette sage maxime que M^r. d'A-
lembert recommande aux savans modernes.
" Comment expliquer ce qu'on ne comprend
" pas, si ce n'est en disant : *Dieu l'a voulu
" ainsi ?* Si les philosophes ont quelque chose
" à se reprocher, c'est peut-être de ne pas
" donner plus souvent cette solution aux que-
" stions qu'on leur fait ; ils n'en seroient pas
" plus ignorans, ni plus mal instruits ,, *Mê-
lange de littérature & de philosophie, tome
5 . p.* 143. —— Moïse est le seul auteur qui
ait écrit sur la physique avec autorité & des
titres respectables ; aussi le monde de Moïse,
je veux dire, son récit de la création, est en
considération, même chez les infideles, depuis 5000 ans ; tandis que les systêmes les plus
ingénieux se sont évanouis, en se dévorant

les uns les autres. —— Enfin pour revenir encore un moment à la fage réflexion de M^r. de Buffon, dans le récit de Moïfe, *l'homme apprend ce qu'il doit au Créateur* ; il apprend *à regarder les effets de fa toute-puiffance, comme autant de bienfaits.* Les phyficiens qui ont écrit fuivant les vues & dans l'efprit de Moïfe, ont animé la nature entiere de la grande & magnifique idée de Dieu ; par la defcription d'un infecte ils élevent l'efprit & le cœur de l'homme jufqu'au Créateur ; l'auteur des *Epoques* ne le laiffe appercevoir qu'en qualité de *non oppofant*, dans l'explication de la fabrique de l'univers.

PREMIERE EPOQUE

Lorfque la terre & les planétes ont pris leur forme. Page 5%.

JE n'examinerai pas ultérieurement fi la terre a pû fortir du foleil, fi une cométe oblique a pu être la caufe de la féparation d'une 650e. partie du vafte corps de cet aftre, fi les parties les plus légeres ont dû s'éloigner du foleil plutôt que les plus denfes, &c. &c. Je crois avoir démontré qu'aucune des affertions de M^r. de Buffon ne pouvoit fubfifter fans une pleine & entiere deftruction de tous les principes phyfiques, ftatiques, géométriques &c ; mais je fuppofe de plein gré la terre & les planétes produites par le coup porté au foleil , & je me rends attentif aux événemens qui doivent être une fuite naturelle de cette puiffante & incompréhenfible opération.

Dans ce premier tems la terre en fufion
P. 58. *tournoit fur elle-même.* Ce tournoïement avoit une caufe fans doute. C'eft un principe reçu qu'aucun corps ne peut fe donner le mouvement à foi-même, que la matiere paffive & inerte refteroit toujours immobile fans le fecours d'une caufe étrangere; M^r. de Buffon ne contefte pas ce principe. Pourquoi donc ne pas nous inftruire des caufes qui ont fait tourner la terre fur elle-même ? Que la cométe génératrice ait donné à la terre un mouvement de projection qui l'a fait aller préci-
P. 366. fément à 33 millions de lieues de fon berceau, rien n'eft plus clair ni plus aifé à comprendre, fur-tout quand on fonge que la cométe elle-même a daigné fe mêler & s'incor-
* Ci-deffus porer à la terre *, pour l'aider à faire un fi
p. 16. long voïage; mais que la terre ait de plus un mouvement très diftinct de ce mouvement de projection , voilà de quoi nous étonner , & M^r. de Buffon ne nous dit pas le moindre petit mot pour faire ceffer notre étonnement.

Cependant à force de recherches je fuis parvenu à recueillir quelques raïons de lumiere qui peuvent nous mettre au fait de la chofe. Il eft vrai que dans les *Epoques* la caufe de la rotation de la terre refte fous le voile du fecret, mais dans l'*Hiftoire naturelle*, t. 1. p. 155, on nous apprend que la terre a reçu *un coup oblique*, & voilà la caufe toute naturelle de fa rotation.

Oui, *un coup oblique*. Car dans toute cette affaire on peut observer que c'est *l'obliquité* des coups qui produit les grands effets. Si la comète eût frappé le soleil dans une direction droite, *le mouvement d'impulsion qu'elle auroit perdu & communiqué au soleil, n'auroit produit d'autre effet que celui de le déplacer plus ou moins.* Mais le coup *oblique* a produit la terre & les planétes. Si la terre eût reçu un coup droit, elle achevoit son orbite sans jamais branler sur son axe; le coup *oblique* en la faisant tourner, nous a heureusement procuré la succession des jours & des nuits. Les autres planétes (exceptés peut-être Saturne & Mercure) sont dans le même cas. Elles tournent également sur leurs axes; elles ont également reçu des coups *obliques*. Mais ce n'est pas tout encore. Il nous reste à observer la plus merveilleuse de toutes les *obliquités*, c'est *l'obliquité* de *l'obliquité* même.

Hist. nat. t. I. p. 135.

La terre tourne sur son axe parce qu'elle a reçu un coup *oblique*, rien n'est plus clair. Mais l'axe de la terre a une inclination de $23\frac{1}{2}$ degrés; il faut donc croire que ce coup *oblique* qui tout oblique qu'il étoit, auroit fait tourner la terre comme Jupiter sur un axe faisant angle droit avec l'écliptique, a eu de plus une *obliquité* cachée, renfermée dans la premiere *obliquité*; & c'est ce qui fait le secret de la chose.

Mais il me vient un scrupule. *La terre a reçu un coup oblique.* Où, quand, & par qui? Par la comète sans doute, quand elle sillonna le soleil. Oh! pour cela non. Quand la cométe

méte heurta contre le soleil, la terre n'exiſ-
toit pas encore. La matiere dont elle eſt compoſée aujourd'hui, faiſoit alors partie du fluide ignée. Elle n'a donc reçu en ſon particulier aucun coup qui portât directement ſur
elle. Bien plus; elle eſt ſortie du ſoleil avec
les autres planétes, mêlée avec leur ſubſtance,
& même, comme nous l'avons vu, avec la ſubſtance de la cométe. Quel coup particulier
pouvoit-elle donc recevoir?

Mais, dira-on, où eſt-il écrit que la terre
eſt ſortie du ſoleil ſans faire une maſſe ſépa-
rée de la matiere des autres planétes? Je réponds avec l'auteur de l'*Hiſtoire naturelle*,
t. I. p. 139. *La matiere qui compoſe les planétes, n'eſt pas ſortie du ſoleil en globes tout
formés, mais ſous la forme d'un torrent* (a).
Il eſt donc bien évident, que ſi la terre a
reçu de la cométe un coup oblique, elle l'a
reçu avant que d'exiſter.

A force de me rendre attentif à l'enſeigne-
ment de ce merveilleux mouvement de rotation,

(a) J'ai déja montré que la matiére projettée
par la cométe, devoit avoir eu des directions
très-différentes. Elle ne peut donc avoir formé
un torrent, à moins de ſuppoſer à ce torrent
aſſez de largeur pour réunir un moment les jets
les plus divergens & les plus oppoſés. A la vérité Mr de Buffon n'adhere point fortement à
cette idée d'un torrent, comme on le voit en
divers endroits, & ſur-tout par ce qu'il dit ici
du coup de la cométe contre la terre. Des difficultés de tous les genres l'ont obligé de varier
à l'infini les explications & la maniere de les
préſenter.

tion, j'oubliois de m'affurer fi alors la terre étoit dans un *état de fufion*, comme M^r. de Buffon l'affure. Voici fes preuves, il nous garantit que jamais il n'y en eut de plus complettes en aucun genre de démonftration. C'eft, dit-il, *en rigueur* le réfultat de *la plus ftricte logique.* On eft fubjugué par des démonftrations *a priori*, *ab actu*, *a pofteriori.* Ecoutons :

La liquéfaction primitive de la maffe entiere de la terre par le feu, eft donc prouvée dans toute la rigueur qu'exige la plus ftricte logique : d'abord a priori, *par fon élevation fur l'équateur & fon abaiffement fous les poles ;* 2°. ab actu, *par la chaleur intérieure de la terre encore fubfiftante ;* 3°. a pofteriori, *par le produit de cette action du feu, c'eft-à-dire, le verre dans toutes les fubftances terreftres.*

P. 17.

J'avoue de bonne foi que je ne comprends rien à la dénomination de ces argumens *a priori, ab actu, a pofteriori,* telle qu'elle eft emploïée ici fuivant les régles *de la plus ftricte logique.* Car fuivant la logique qui m'a été enfeignée & dont je me fuis beaucoup occupé dans ma vie, des trois argumens de M^r. de Buffon, le premier n'eft pas *a priori,* le fecond n'eft pas *ab actu,* & le troifieme n'eft pas *a pofteriori.*

Dans la *ftricte logique* on appelle argument *a priori,* celui qui déduit les effets de la caufe. Par exemple, *ce corps a été dans le feu, donc il doit avoir été chaud.* C'eft-là un argument *a priori.* Or il eft bien clair que la *logique* de M^r. de Buffon, en inférant la fusion de la terre de son élévation sur l'équateur, tend à prouver la cause par l'effet, & non l'effet par la cause; il n'est donc pas *a priori*, mais bien certainement *a posteriori*.

Dans *la rigueur de la stricte logique*, on appelle argument *ab actu*, celui qui déduit la possibilité de la réalité. Par ex., *Le monde existe réellement, son existence n'est donc pas impossible.* C'est-là *argumentum ab actu.* Or dans l'*ab actu* de M^r. de Buffon, il n'y a pas l'apparence d'un argument de cette nature. Le savant naturaliste entend par *ab actu* ce qui existe *actuellement*, par rapport à ce qui a existé autrefois; & cet *ab actu* est absolument inconnu dans le langage *de la stricte logique*.

Quant à l'*argument a posteriori*, il pourroit peut-être jouir de la dénomination que M^r. de Buffon lui a donnée, s'il ne s'y trouvoit pas une opposition formelle de la part de l'argument *a priori*. Car si l'argument, qui prouve la fusion de la terre par son élévation sur l'équateur, est *a priori*; l'autre, qui prouve cette fusion par la vitrification *de toutes les substances terrestres*, ne peut jamais être *a posteriori*, étant de même nature & dans la même forme que le premier. Au contraire si l'un des deux est *a priori*, c'est certainement le dernier; son objet étant très-antérieur à celui du premier; puisque la vitrification *de toutes les substances terrestres* date de l'époque même où la terre étoit encore

confondue dans la maffe du foleil, & l'élevation de l'équateur eft très-certainement d'une
date poftérieure. Si donc le dernier argument
eft *a pofteriori*, le premier l'eft certainement
davantage ; & fi le premier eft *a priori*, le
fecond doit l'être à plus forte raifon.

Ce ne font-là, je l'avoue, que des obfervations fur les mots. Auffi n'eûffe-je point
fongé à les emploïer, fi tout ce qui peut
contribuer à la perfection d'un ouvrage,
n'étoit digne de l'attention de l'auteur ; &
fi M^r. de Buffon n'avoit une prédilection
marquée pour les termes de l'ancienne école,
& pour *la rigueur de la ftricte logique*. Du
refte je compte bien que l'attention que je
donne aux mots, ne me fera pas négliger les
chofes. ... Examinons maintenant le fond de
ce triple argument, fans plus nous occuper
des dénominations que M^r. de Buffon y a
attachées.

PREMIERE PREUVE de la liquéfaction primi-
tive de la terre. *Son élevation fur l'équateur*, P. 17.
& *fon abaiffement fous les poles.*

L'élevation de la terre fur l'équateur, eft-
elle bien certaine? & en la fuppofant certaine, peut-on la regarder comme une démonftration de fa liquéfaction primitive ?
Voilà les deux queftions que je vais difcuter
en peu de mots *dans toute la rigueur de la
plus ftricte logique.*

Meffieurs de Maupertuis & de la Condamine ont affuré que le globe étoit élevé vers
l'équateur & applati vers les poles. Mais d'autres aftronomes, très-célebres & qui voïoient

bien, ont aſſuré tout le contraire. Picard, Maraldi, les deux Caſſini, Eiſenſchmid, &c, ont déclaré la terre amincée ſous l'équateur & allongée dans la direction des poles. Le dernier a établi cette aſſertion avec force & avec un grand détail de toutes ſortes d'obſervations, dans une diſſertation imprimée à Strasbourg, ſous le titre *De figurâ telluris elliptico-ſphæroïde.*

Cette diverſité de ſentimens fait naître deux réflexions très-ſimples. 1°. D'où ſait-on que Mrs. de Maupertuis & de la Condamine ont mieux obſervé que les ſavans que je viens de nommer? que les calculs de ceux-ci ſont évidemment défectueux, leur maniere de voir, fauſſe, illuſoire, précipitée, &c? qu'au contraire la raiſon & la juſteſſe ſont toutes entieres dans les opérations des académiciens qui jouiſſent du ſuffrage de M^r. de Buffon? Je crois bien fermement que cela ne ſe prouvera pas avec toute l'aiſance poſſible. Auſſi M^r. de Buffon a-t-il jugé prudemment qu'il ne devoit pas s'en charger. 2°. Dans tous les cas où les obſervations & les calculs aſtronomiques ne s'accordent pas, on prend un milieu; & ce milieu devient le point où les ſavans s'arrêtent, comme au vrai réſultat des opérations diverſes (a). Il paroît donc que,

_____

(a) Je n'examine pas ſi cette méthode conduit bien ſûrement à la vérité; je crois avoir montré ailleurs qu'elle pouvoit en éloigner plus que ſi on s'attachoit à l'un des ſentimens oppoſés. Mais j'ai déja averti que dans l'examen des *Epoques*, je ſuivois les notions reçues, & que mes opinions privées n'y entroient pour rien.

puifque de grands aftronomes ont jugé la
terre applatie vers les poles, & que d'autres
tout auffi grands l'ont cru allongée, il faut
prendre le milieu de ces affertions, & regarder la terre comme n'étant ni allongée ni
applatie.

Mais ce qui eft fur-tout remarquable, c'eft
que la confiance, que les calculs de M^r. de
la Condamine & de fes adhérans pourroient
infpirer au préjudice des deux Caffini, Picard
& des autres, leur eft abfolument ôtée par
M^r. de Buffon lui-même. L'illuftre naturalifte
nous avertit, *que fi l'on examine de près la*
mefure par laquelle on a déterminé la figure
de la terre, on verra bien qu'il entre de
l'hypothétique dans cette détermination. Voilà
donc ce fameux renflement de la terre fur
l'équateur, fondé fur des fuppofitions, fur
des opinions *hypothétiques.* Comment donc
devient-il une demonftration de la liquéfaction
de la terre ? comment nous le donne-t-on pour
telle *dans toute la rigueur de la ftricte lo-*
gique ?

Mais quel eft cet *hypothétique qui entre*
dans cette détermination ? C'eft, dit M^r.
de Buffon, qu'*elle fupppofe que la terre a*
une figure courbe réguliere, au lieu qu'on
peut penfer qu'elle n'a peut-être aucune fi-
gure réguliere (a). & qu'ainfi la mefure de

Hift. nat.
t. 1. p. 165.

***

(a) Que d'autres vues purement *hypothétiques*
dans les calculs des aftronomes ! Que de manieres de voir & de conclure, qui différencient à
l'infini

deux degrés, prife à la même élevation du pole, peut être très-différente ; de maniere que, *quoiqu'on ait exactement la longueur d'un degré au cercle polaire & à l'équateur,* l'on ne peut néanmoins rien conclure de définitif.

Après cette obfervation , M^r. de Buffon fe rend arbitre abfolu des calculs qui regardent le prétendu renflement de la terre fur l'équateur, condamne de plein droit Meffieurs les académiciens de la Lapponie & du Perou, rejette leur fupputation d'un 175e, & la réduit à un 230e.

Reprenons un moment. L'applatiffement de la terre vers les poles eft contredit par de très-habiles aftronomes; ceux, qui l'ont enfeigné, fe font fondés fur des hypothefes, que M^r. de Buffon croit être fauffes; leur calcul eft certainement erroné & confidérablement exagéré : & cependant cet *applatif-fement* eft une preuve démonftrative, que la terre a été dans un état de fufion. J'avoue que cette logique eft trop *ftricte* pour moi, je n'y comprends rien du tout.

Maintenant, fuppofons l'élevation de la
terre

---

l'infini le réfultat de leurs opérations ! En mé-furant fon degré, Mr. de la Condamine, à ce qu'il fait entendre lui-même, n'étoit occupé que du mouvement de la terre & des rapports de ce mouvement avec l'applatiffement des poles!... Y a-t-il deux aftronomes au monde qui aient pu s'accorder fur la grandeur & l'éloignement du foleil ? Voyez ci-deffus, p. 17.

terre fur l'équateur bien conftatée, que s'enfuit-il ? Eft-elle un argument fans réplique
de la fufion de la terre ? Pour qu'elle le
fût, il faudroit au moins quatre chofes;
voions fi nous aurons le bonheur de les
rencontrer.

Il faudroit 1°. que l'Etre, qui, fuivant
M^r. de Buffon, *a créé la matière in prin-*
cipio, que cette main puiffante qui a certai-
nement communiqué l'impulfion aux planétes,
n'eût pu en aucune forte donner à la terre
une forme applatie vers les poles, fans l'avoir
préalablement mis dans un état de liquéfaction. Or il paroit que cette affertion ne fera
pas adoptée fans quelque réfiftance par ces
gens du vieux & bon tems qui croient que le
Créateur a pu donner aux planétes toutes les
efpeces de formes; & que celle d'un globe
applati vers les poles, n'eft point exceptée.

Il faudroit 2°. démontrer clairement, par
des calculs bien juftes & bien sûrs, qu'un
globe liquéfié, tournant fur fon axe avec la
viteffe de la terre, ne peut prendre une élevation plus grande ni plus petite, que celle
d'un 230e. Sans cette démonftration, on ne
peut rien conclure en faveur de la liquéfaction.
Cela eft fi vrai que, s'il eft prouvé qu'un
globe liquéfié & tournant comme la terre,
ne feroit pas renflé fur l'équateur dans cette
jufte proportion, il feroit évident que le renflement de la terre n'eft pas l'effet de fa liquéfaction. Or il paroit qu'on n'a point fongé encore
à bien proportionner les calculs à l'effet réel
de la force centrifuge, puifqu'on n'a point

D

fongé encore à s'accorder dans la mesure du renflement de l'équateur.

Il faudroit 3°. qu'aucune cause naturelle n'eût pu produire cet effet sur un corps qui ne fût point en fusion. Il faudroit démontrer, par exemple, que durant l'empire universel d'un océan de 20,000 ans, les terres mobiles & inconsistantes n'ont pu s'amasser, par la même force centrifuge, sous l'équateur en tant soit peu plus grande quantité que sous les poles, dans l'excès d'un 230ᵉ. seulement.

Il faudroit 4°. nous dire pourquoi le soleil, qui est constamment dans un état de fusion, & qui dans cet état tourne en 25 jours sur son axe (a) avec une vitesse infiniment supérieure à celle de la terre, n'est point applati vers les poles ni renflé à l'équateur (b). C'est-là

_____

(a) Je ne prétends point contredire ici les doutes que j'ai proposés ailleurs touchant l'argument tiré des taches du soleil en faveur de sa rotation. (Voyez le journal hist. & litt. de Luxembourg du 15 Fev. 1779. p. 247. ——— 1. Mai. p. 28.——— *La nature considérée.* N° 6. 1779). J'admets toutes les suppositions reçues, pour ne pas m'arrêter à des discussions étrangeres à mon but.

(b) J'ai connu des astronomes qui, avouant que les meilleurs télescopes ne nous apprenoient rien de l'applatissement du soleil vers les poles, assuroient néanmoins que cet applatissement étoit incontestable, puisque le soleil tournoit sur son axe. C'est ainsi que s'accrédite ce genre de paralogisme, qui dans le langage de la *stricte logique* est appellé *cercle vicieux*, & qui fait aujourd'hui la base d'un très-grand nombre de systêmes dans tous les genres de sciences

certainement ce qui demande un éclaircisse-
ment bien médité & bien réfléchi. Car
voïez, je vous prie, vous qui vous intéressez
à la gloire des hypotheses de M^r. de Buffon,
combien d'incrédules ne va pas faire cette
seule objection. La terre durant le très-petit
espace de tems qu'a duré sa liquéfaction,
s'est renflée d'un 175e, tout au moins d'un
230e; & le soleil durant plus de 200,000
ans (Que de siecles n'a-t-il pas existé avant
la terre !), toujours en fusion, toujours tournant sur son axe avec une rapidité inconcevable, n'a rien changé à sa figure primitive ? O secret profond ! ô mystere de physique & d'astronomie, plus impénétrable que
tous les mysteres de la foi chrétienne !

SECONDE PREUVE de la liquéfaction primitive
de la terre : *La chaleur intérieure de la terre
encore subsistante.*

Pour donner à cette preuve le ton de la
stricte logique, on doit l'énoncer de la maniere suivante : *La terre est échauffée par*

un

---

ces. L'un prouve que la terre a tourné sur son
axe dans un état de liquéfaction, puisqu'elle est
applatie vers les poles; l'autre prouve que le
soleil a les poles applatis, puisque dans son
état de fusion il tourne sur son axe. Mr. de
Buffon lui-même tantôt prouve que la terre doit
être réellement élevée sur l'équateur, par sa liquéfaction primitive (p. 58.), & tantôt il
prouve sa liquéfaction primitive par son élevation sur l'équateur (p. 17.). Puissante dialecti-
que ! *Stricte & rigoureuse logique !*

D 2

un feu intérieur, donc elle a été d'abord dans un état de liquéfaction.

J'avoue que je connois plus d'un logicien fameux pour avoir dévoré avec une patience édifiante tous les argumens in *Baralipton* & *Frisesomorum*, qui ne sentira pas la justesse de cette conséquence. Les plus chicanneurs nieront d'abord cette liquéfaction, & prétendront que l'argument ne prouve tout au plus qu'une simple *incandescence*. En effet, quand la chaleur encore *subsistante de la terre* seroit l'effet & la suite d'une plus grande chaleur primitive, rien n'obligeroit d'étendre le premier degré de chaleur jusqu'à la *liquéfaction*. Ainsi la *rigueur de la stricte logique* est encore ici en défaut.

Mais il y a bien d'autres points à discuter dans cette affaire. 1°. Est-il bien certain qu'un corps ne sauroit être échauffé, sans l'avoir été autrefois davantage ? —— 2°. Les matieres inflammables, qui toutes sont postérieures de 30,000 ans à la liquéfaction de la terre (p. 191.), dont le volume s'est augmenté & s'augmente encore tous les jours *d'une maniere trop immense pour qu'on puisse se la représenter* (p. 190.), ces matieres, dis-je, ne pourroient-elles pas nourrir, renforcer, provoquer même des feux qui échauffassent le sein de la terre ? —— 3°. Ne doit-on pas quelque respect à ce très-ancien raisonnement de tant de mille physiciens, qui depuis la création du monde ont raisonné sur sa constitution physique d'une maniere conforme à la croïance des Chrétiens & à l'autorité

de l'Histoire fainte. " Dieu, difoient-ils, n'a
,, pas créé la terre pour être un globe fté-
,, rile & inhabitable. Il en a fait un féjour
,, propre à l'homme à qui il deftinoit cette
,, riche & agréable demeure. Dans cette vue
,, il l'a pourvue de la chaleur néceffaire à
,, la végétation des plantes, à la réproduc-
,, tion & à la confervation des animaux, &
,, enfin au bien-être du maître & poffeffeur de
,, ce beau domaine ,, Si ce raifonnement
ne paroit pas abfolument abfurde au naturalifte qui reconnoit *la matiere créée in principio,* qui *admire & refpecte profondémenc
l'auteur de la nature,* je ne vois pas pourquoi l'idée d'une liquéfaction primitive feroit
néceffaire pour expliquer *la chaleur encore
fubfiftante de la terre.*

TROISIÈME PREUVE de la liquéfaction primitive de la terre : *Le produit de cette action
de feu, c'eft-à-dire, le verre dans toutes les
fubftances terreftres.*

Ou je me trompe groffiérement, ou cette
preuve eft fondée fur le principe fuivant. La
matiere primitive n'a pû être que ce qu'elle
devient par *l'action du feu* ; or par l'action
du feu elle devient verre ; donc d'abord elle
a été verre.

Mais l'opinion de ces vieux phyficiens dont
je viens de parler, ne dérange-t-elle rien dans
ce raifonnement. Dieu dans l'intention de former un monde habitable, a-t-il dû, a-t-il pû
raifonnablement le créer tel qu'il eft après
l'action du feu ? —— Dieu qui a *créé la
matiere in principio,* n'a-t-il abfolument

pu créer que du verre ? —— La matiere quelle qu'elle foit, créée ou incréée,
éternelle ou produite dans le tems, doit avoir
néceffairement un dernier réfultat dès qu'elle
eft compofée. Mais par quel argument prou-
vera-t-on que ce dernier réfultat eft exactement l'état de la matiere au moment de fa
création ? Que diroit-on d'un homme qui
après avoir fondu un louis-d'or, prétendroit
qu'il eft forti dans cet état de l'hôtel des
monnoies ?

Cependant ne refufons pas de difcuter l'*argument a pofteriori*, en lui-même, fans y
mêler les idées de créateur, de création, ou
de caufes finales; car *on doit autant qu'on*
peut, en phyfique s'abftenir d'avoir recours aux
caufes qui font hors de la nature... Il s'agit du
verre qu'on dit être le *produit de l'action du*
feu. Je puis affurer que rien n'eft moins le
produit de l'action du feu que le verre. Il eft
vrai qu'en dernier réfultat des opérations du
feu le plus violent il ne refte ordinairement
que du verre. Mais pourquoi cela ? C'eft que
le feu ne peut rien fur le verre, j'entends
fur le verre pur, fur le verre dégagé de tout
mélange de matiere fufceptible de fufion, fur
le *verre primitif*, fi l'on veut abfolument que
je le nomme ainfi. C'eft une chofe avouée
des plus favans chymiftes, que le verre pur
n'entre jamais en fufion à quelque feu que
ce foit, que les miroirs ardens les plus effica-
ces n'y peuvent rien du tout (a).

Hift. nat.
t. 1. p. 131.

(a) " La terre vitrifiable, dit Mr. Macquer,
„ eft la plus pefante, la plus dure, la plus fixe.

la

Or je demande s'il est raisonnable de regarder comme la matiere propre du soleil, comme la matiere primitive de la terre, la feule matiere qui ne peut entrer en fufion par quelque moien connu que ce foit? & s'il n'est pas plus naturel de raifonner ainfi. " Le verre est de toutes les matieres connues la feule qui n'entre jamais en fufion. Donc il n'est point vraifemblable que le foleil foit compofé de cette matiere; ni que la terre qui est réellement compofée de cette matiere, ait jamais été dans un état de fufion (a) „.

„ la plus infufible, & même la plus *apyre* „ de toutes les terres, lorfqu'elle est dans fa „ plus grande pureté.... J'ai été témoin d'une „ belle expérience relative à cet objet, qu'un „ amateur zélé & éclairé fit faire. On mêla de „ la poudre de diamant avec la quantité d'alkali „ fixe, fuffifante pour vitrifier parfaitement toute „ autre matiere terreufe; on expofa ce mélange „ à un feu de vitrification, plus que fuffifant „ pour les vitrifications les plus difficiles; & „ après l'opération, non-feulement on ne trouva „ point de verre dans le creufet, mais l'alkali „ s'étoit diffipé en partie par la grande violence „ du feu, & la poudre de diamant n'avoit pas „ même éprouvé un commencement de fufion „. *Dict. de chymie*, art. *Terre.*

(a) Ces obfervations fur la fixité & l'infufibilité du verre ne font pas contradictoires à ce que j'ai dit ci-deffus (p. 12) de l'impoffibilité de fouftraire à la fufion la cométe créatrice. Je parlois dans les principes de Mr. de Buffon qui regarde toutes les matieres, & le verre en particulier, comme très-fufibles. Il avoit dit autrefois que les *matieres calcaires étoient les feules qui ne pouvoient être fondues par aucun feu connu;*

En vain dira-t-on que le verre se fondéroit dans le soleil. Cette affertion n'étant fondée que fur des conjectures, aïant déja contre elle l'expérience faite avec les plus excellens miroirs, doit être regardée comme une reffource de fyftême. Fût-elle vraie en elle-même, fa vérification demeurant éternellement impoffible dans ce monde phyfique, elle ne doit jamais entrer dans les moïens du vrai favant . . . . . Enfin quelque jugement qu'on en porte, il reftera toujours vrai, que M^r. de Buffon a donné au foleil & à la terre préci-fément la feule matiere qu'on connoiffe en Chymie ne pouvoir pas entrer en fufion.

. . . J'oubliois de faire une exception à ce que dit M^r. de-Buffon *du produit du feu, c'eft-à-dire, du verre dans toutes les fubftances terreftres.* M^r. de Buffon fe trompe. L'or n'a jamais été réduit en verre; & l'on ne con-noît aucun moïen de l'y réduire. Les feux les plus extrêmes n'y peuvent rien (a). Il fe

_____

connu; il vient d'abolir cette exception, en con-venant que Mr. d'Arcet *a fondu du fpath calcaire*, p. 458. Mais fi les matieres calcaires lui paroif-foient *les feules* infufibles par tout *feu connu*, il croyoit donc & croit encore le verre, le verre pur, fon *verre primitif* en un mot, fujet à être fondu par *un feu connu.*

(a) Homberg a prétendu avoir vitrifié l'or au foyer d'une des grandes lentilles de Tchirnau-zen; mais cette expérience n'a certainement exifté que dans l'idée de ce chymifte. Mrs. Brif-fon, Lavoifier, Cadet, Macquer &c, ont en vain effayé de la répéter avec la même lentille. —— " L'action du feu, dit Mr. Macquer, n'occa-fionne aucune altération à l'or; lorfqu'on l'y
                     " expofe

liquéfie aisément, mais il persévère dans cet
état sans essuïer aucune altération. Voilà donc
une substance terrestre, qui n'est pas verre.

Vu la facilité de l'or à se liquéfier, à se
conserver dans le feu le plus terrible, je se-
rois bien tenté d'en faire la matière du soleil.
Je comprendrois bien mieux pourquoi cet astre est fluide, que si je le supposois de verre
qui ne flue jamais ; je comprendrois encore
comment il se conserve depuis 6 mille ans
(& si l'on veut depuis 75,000) sans altération ni évaporation quelconque ; je comprendrois presque comment par ses feux il fait

,, expose il rougit d'abord, & quand il est d'un
,, rouge ardent comme un charbon allumé, il se
,, fond aussi-tôt : sa surface a pourlors une cou-
,, leur d'un verd tendre, comme l'aigue marine.
,, Il ne s'éleve de l'or, pendant sa fusion, au-
,, cune vapeur en fumée; & si on le repese après
,, qu'il est refroidi, on trouve qu'il n'a souffert
,, aucun déchet. On peut tenir ce métal pen-
,, dant très long-tems en fusion à un feu très-
,, violent, sans qu'il souffre aucune perte. Kunc-
,, kel en a tenu à un feu de verrerie pendant
,, plus d'un mois, & Boele encore plus long-
,, tems, sans qu'il ait diminué d'un seul grain,
,, ni reçu la moindre altération.... Tout ce
,, qu'on vient de dire des propriétés de l'or, doit
,, le faire regarder comme un métal fixe, indes-
,, tructible & indécomposable ,, *Dict. de Chymie.*
Art. *Or.* Mr. Macquer examine ensuite ce que
deviendroit l'or, s'il étoit placé dans le soleil;
vaine recherche, & qui, comme je viens de l'observer, ne conduit à rien. Il finit par dire que
dans ce cas l'or *se réduiroit peut-être en vapeurs.*
Ces vapeurs même ne seroient qu'or atténué; un
léger degré de condensation en feroit cette pluie
précieuse que Jupiter savoit appeler avec tant
d'art au secours de ses amours.

naître l'or dans le fein des montagnes; enfin
je comprendrois pourquoi l'or eft le plus pur,
le plus falubre, le plus inaltérable , le plus
précieux de tous les métaux , par fon analo-
gie avec le magnifique & bienfaifant foleil.....
Mais, garre l'efprit de fyftême. .... Cependant, un foleil d'or feroit une belle chofe !

Je prouverai bientôt que fi la terre n'avoit
été d'abord que du verre, elle ne feroit point
encore autre chofe; elle feroit encore aujour-
d'hui, c'eft-à-dire, à la 75,000^e. année de fon
âge, une maffe de verre, tout uniment de
verre, fans qu'on y apperçût le moindre vef-
tige de végétation & de vie, fans y voir une
pierre, un métal, ni quoi que ce foit, finon
du verre pur. C'eft ce que je prouverai *dans*
toute la rigueur de la plus ftricte logique.
Mais pour ne pas mêler les *Epoques* , je ne
précipiterai pas mes réflexions, & m'en tiendrai au fage avis d'Horace :

A. p.   ... *Jàm nunc dicat jàm nunc debentia dici ;*
           Pleraque differat, & præfens in tempus omittat.

JE crois avoir développé dans une étendue
fuffifante les trois preuves que M^r. de
Buffon regarde comme le fondement inébran-
lable de fon hypothefe ; je crois en avoir donné
une idée jufte , & en avoir parlé fans préoccupa-
tion , fans intention de diffimuler, de déguifer
les points de vue qui euffent pu leur concilier

le fuffrage d'un lecteur équitable. Plus je les examine attentivement, moins je comprends comment un homme fi éclairé a pu les propofer férieufement; comment cet illuftre auteur a pu articuler des raifonnemens auffi finguliers pour la forme & pour le fond des chofes. Mais les égards dûs à fa célébrité & à la confiance dont il jouit, me défendent de m'arrêter plus long-tems fur des affertions fi peu afforties à fa gloire, & me portent à la relever par un contrafte qui ne peut que lui être avantageux. Je vais fubftituer un moment mes propres idées à celle d'un auffi grand homme, & me hazarder à prouver que la terre n'a jamais été liquéfiée. 1ᵉ. Parce que fi la terre avoit été d'abord un fluide ignée, elle ne fe feroit jamais éteinte; non, pas plus que le foleil. —— 2º. Parce que dans le cas de l'extinction, & fuppofé que fa chaleur primitive fût le principe de la chaleur fubfiftante, elle fe refroidiroit infenfiblement, ce qui eft démenti par le fait. —— 3º. Parce que ce refroidiffement fucceffif, au lieu de commencer par les poles, auroit commencé par l'équateur.... Je n'ignore pas que Mʳ. de Buffon a traité tous ces articles à fon avantage, qu'il en tire des conféquences toutes oppofées, qu'il a prétendu prévenir les objections en les tournant en preuve, & arrêter les oppofans par une contenance impofante qui leur fît prendre des rofeaux pour des armes folides; mais c'eft cette politique même que je tâcherai d'apprécier en appréciant les raifonnemens qu'il y fait fervir.

La terre & les autres planétes après leur féparation d'avec la maffe du foleil, brilloient de la lumiere même de cet aftre, la même matiere alimentoit leur feu & leur éblouiffant éclat ; fi la figure fphérique peut contribuer à concentrer & maintenir cet état lumineux, elles en jouiffoient comme le foleil. Pourquoi donc fe font-elles éteintes ? Ecoutez, écoutez, vous allez entendre la plus fublime métaphyfique ; je dis métaphyfique, car pour de la phyfique vous n'en appercevrez guere.

P. 67. *Le foleil aïant à fupporter tout le poids, toute l'action de la force pénétrante des vaftes corps qui circulent autour de lui, & aïant à fouffrir en même tems l'action rapide de cette efpece de frottement intérieur dans toutes les parties de fa maffe, la matiere qui le compofe doit être dans l'état de la plus grande divifion, elle a dû devenir & demeurer fluide, lumineufe & brûlante, à raifon de cette preffion & de ce frottement intérieur toujours fubfiftant.*

Où eft le lecteur affez hébété pour ne pas entrer en admiration au récit de tant de merveilles, fur-tout de ce poids énorme que fupporte le foleil à raifon des cométes qui circulent autour de lui à la diftance de deux ou trois cents millions de lieues (a). Que dire

---

(a) Il ne s'agit pas ici des planétes : elles n'exiftoient pas encore quand le foleil eft devenu lumineux. D'ailleurs ce ne font pas de vaftes corps, ni d'un *poids énorme*, à l'égard du foleil, dont

elles

de la *force pénétrante de ces vastes corps* , elle
doit être en effet prodigieuse , car il est aisé
de concevoir avec quelle *force* une comète
à son aphélie p. ex. c'est-à-dire , au bout d'u-
ne ellipse infiniment allongée , doit *pénétrer*
le soleil. Mais ce qui passe en intérêt & en
intelligibilité le reste de ce récit pathétique
de tout ce que souffre le soleil de la part *des
vastes corps qui circulent autour de lui* , c'est
sans doute ce *frottement intérieur dans
toutes les parties de sa masse*. Oui ces *vastes
corps* non contens de peser sur le soleil par
un poids énorme , ne cessent de le *frotter intérieurement* , en envoiant à cet effet quelques
particules des plus insinuantes , qui parcourant
des cents millions de lieues en un clin d'œil
s'accordent à tenir le soleil dans une liquéfaction parfaite. Vous comprenez.

Mais ce que je ne comprends pas également c'est que ces comètes si *frottantes* , &
conséquemment si *frottées* , ne soient pas aussi
fluides , lumineuses & brûlantes *. Car j'ai
toujours entendu dire que l'effet de la gravitation

* Les co-
mètes sont
reconnues
pour n'être
pas des
corps lumi-
neux par
eux-mêmes.

----

elles ne font que la *650e partie*. Il est vrai qu'
une comète , comme on va le voir , n'en est
peut-être que la *500e* ; & ces *vastes corps* me
paroissent en danger de devenir fort petits . . .
Mais qu'étoit-ce que le soleil avant l'explosion
de l'étoile qui envoya des comètes pour le *frotter* ? Un corps opaque , comme la terre sans
doute. Ainsi nous voilà à recommencer. Il fau-
dra que Mr. de Buffon daigne nous écrire l'histoire des sept *Époques du soleil , comme corps
opaque*.

tation étoit réciproque. S'il eſt vrai qu'une
cométe *frotte intérieurement* le ſoleil , elle
en eſt réciproquement *frottée*. Or dans les
principes de Mˡ. de Buffon, le *frottement* eſt
en raiſon de la maſſe du corps *frottant*. Le
ſoleil conſéquemment doit *frotter* chaque cométe avec autant de force qu'il eſt frotté lui-
même par toutes les cométes enſemble. Car,
ſuivant Mˡ. de Buffon , l'enſemble de toutes
les cométes ne fait qu'une maſſe égale à celle
du ſoleil (a); & le *frottement intérieur* étant,
comme je viens de dire , proportionnel, non
pas à la maſſe du corps qui eſt *frotté* , mais
à l'*énormité* , mais à *la force pénétrante*,
mais à la *preſſion active* des corps *frottans*
(p. 67 , 69 , 73 , 96.); j'en infere que le
frottement produit par le ſoleil dans l'*inté-*
rieur des cométes eſt 115 fois, peut-être 500
fois, plus grand que le *frottement* produit
par une cométe dans l'intérieur du ſoleil (b)

─────────────────────

(a) Puiſque les 115 cométes que Mr. de Buffon
donne à notre ſyſtême ſolaire , ſont le produit
de l'exploſion d'une étoile fixe (p. 65) , qu'on
n'a aucune raiſon de croire avoir été plus grande
que le ſoleil, on doit ſuppoſer que toutes leurs
maſſes réunies ne formeroient qu'un ſoleil égal
au nôtre*. ═══ Il eſt vrai qu'ailleurs (p. 72) Mr.
de Buffon voudroit multiplier les cométes de notre ſyſtême ſolaire juſqu'à 500, & inférer delà
l'énormité de leur maſſe; mais leur nombre fût-
il de dix mille, il n'en ſera pas moins vrai qu'
elles ne ſont que la production d'une ſeule étoile
(p. 17).

(b) Je n'examine pas ſi cette régle s'accorde
parfaitement avec l'attraction de Newton : il ſuffit

* C'eſt l'o-
pinion gé-
nérale des
aſtronomes,
que les étoi-
les ne pa-
roiſſent plus
ou moins
grandes qu'
à raiſon de
leur éloi-
gnement.

Ce qu'il y a de bon dans tout ceci pour les habitans de la terre, c'eft que malgré les mauvais préfages que leur donne M^r. de Buffon, leur globe ne fe refroidira jamais entierement. Car fi pour enflammer un corps, il fuffit de graviter fur lui, l'intérieur de la terre ne ceffera pas d'être en feu. Toute fa maffe pefe fur fon centre. Si le foleil eft dans un état de fufion, parce qu'il eft *frotté intérieurement* par des comètes qui ne font qu'une maffe égale à la fienne, que fera-ce du milieu de la terre (prenons-le dans l'efpace d'une lieue cubique) qui eft *frotté* par une maffe fphérique dont chaque raïon eft de 1499 lieues ?

Mais voici une nouvelle difficulté, Saturne a cinq fatellites & un très-grand anneau, qui doivent le *frotter intérieurement* avec bien plus de force que le foleil n'eft frotté par les comètes. Il eft vrai que l'enfemble de toutes ces comètes eft égal à la maffe du foleil, & que l'anneau avec les fatellites n'eft peutêtre pas égal à la maffe de Saturne ; mais auffi quelle proximité en comparaifon de celle des comètes ! mais auffi quelle affiduité ! Ni l'anneau, ni les fatellites ne quittent pas un moment le globe dont le *frottement* leur eft confié. Que de révolutions achevées par

---

fit que ce foit celle du *frottement intérieur.*, auquel Newton n'a pas eu l'efprit de fonger. Il eft naturel qu'un grand corps *frotte* plus puiffamment un petit, qu'un petit ne peut frotter un grand.

ces cinq satellites dans le tems qu'aucune cométe ne se montre dans le voisinage du soleil.
Or le *frottement intérieur* n'est pas seulement en raison directe de la masse des corps
frottans , mais aussi en raison inverse de
leur éloignement ; & je puis assurer que tout
l'avantage de ce calcul resteroit à Saturne. . . . A cela ajoutez l'action du soleil
qui ne peut attirer Saturne sans un *frot-*
tement intérieur proportionné à son poids
énorme ; ajoutez le grand Jupiter & les autres
planétes qui attirent Saturne, & en sont at-
tirés par un degré d'attraction proportionné
à leur distance & à leur masse réciproques.
Quelle charge énorme sur le corps de cette
planéte ! *quelle pression,* c'est-à-dire, *quel frot-*
tement intérieur dans toutes les parties de sa
masse ! . . . Mais observez sur-tout que Saturne étoit en possession de toutes les qualités qui constituent un soleil : il étoit *fluide,*
lumineux, brûlant, au-lieu qu'avant l'explosion de l'étoile qui produisit les cométes, le
soleil n'étoit qu'un corps opaque. Et cependant voilà le corps opaque qui devient
lumineux , & le corps lumineux qui devient
opaque , malgré un *frottement intérieur,*
pour le moins égal dans les deux globes. Bien
plus , tandis que le soleil échauffe le monde
entier, le pauvre Saturne se refroidit de plus en
plus ; l'an 2,620,20 (c'est-à-dire, dans 187,188
ans, en comptant de ce jour), toutes ses *molé-*
cules vivantes, indestructibles seront mortes de
froid & enfermées sans retour dans le vaste
tombeau de la *nature organisée.*

P. 73.

En

En jettant un coup d'œil sur la p. 142 du tome premier de l'*Histoire naturelle*, j'apprends que, même avant le choc de la fameuse comète génératrice des planétes, le soleil a peut-être eu *un mouvement autour du centre de gravité du système cométaire*, & que ce *mouvement* primitif a peut-être été *augmenté par le choc*. Si cela est, je ne comprends plus en aucune maniere comment le *poids énorme* des comètes a pu *frotter intérieurement* le soleil, qui n'étoit pas le *centre de gravité*, qui au contraire tournoit lui-même autour de ce *centre*. Si on suppose que les comètes & les planétes ont suivi ce mouvement devenu commun à tout le système, nous voilà revenus aux spirales mobiles de Tycho, que les astronomes modernes traitent avec tant de mépris ?... J'avoue que plus j'étudie ce monde de nouvelle création, plus je m'y perds.

Quò plus progredior, eò plus in devia tendo (a).

(a) Il ne seroit pas surprenant que, tâchant de suivre l'ensemble de ce charmant système, je me trompasse quelquefois. Souvent il faut conjecturer, il faut deviner la maniere dont l'auteur fait accorder une idée avec l'autre ; & quand on devine mal, l'on mérite tous les genres d'indulgence. Tout l'avantage est ici du côté du systémateur. Il imagine ce qui lui plaît, & personne n'a droit d'imaginer pour lui. Un rêveur raconte ses songes ; on l'écoute quand on ne peut faire autrement ; mais, s'il omet quelques circonstances, s'il les énonce d'une maniere équivoque, le moyen de suppléer à son récit, & de savoir exactement ce qu'il a rêvé en effet ?

E

Mais, quelles que foient les obfcurités qui réfultent du *frottement intérieur*, elles n'empêchent point de conclure que les planétes ont dû conferver leur lumiere primitive : au contraire, plus la doctrine du *frottement* eft inintelligible, inconféquente, contradictoire, plus elle dépofe en faveur de la poffeffion où étoient les planétes de briller comme autant de foleils. Et cela conformément aux régles du droit, qui, proportion gardée & fauf la diverfité des objets, a lieu même en phyfique : *melior eft conditio poffidentis.* Sans des titrés bien clairs, bien authentiques, une poffeffion avérée ne peut être annullée en aucune façon. Or les planétes ont été en poffeffion de la lumiere, d'abord dans le corps du foleil, dont elles ont fait partie durant peut-être 300,000 ans; elles font forties du foleil dans ce même état lumineux, & ont été vues dans cet état pendant 2936 ans (p. 86) par les habitans des *planétes* innombrables *qui circulent autour des étoiles fixes.* Les titres tirés du *frottement intérieur,* qu'on oppofe à cette poffeffion, ne font ni authentiques, ni fur-tout bien clairs. La poffeffion d'être brûlantes & lumineufes, refte donc peremptoirement adjugée aux planétes; j'entends aux planétes de Mr. de Buffon; car, pour celles que nous connoiffons, comme elles n'ont jamais été en poffeffion d'une lumiere propre, il eft dans l'ordre qu'elles ne foient que des corps opaques.

J'ai dit que, fi la terre avoit été dans un état de fufion, & que fa chaleur primitive fût le principe de la chaleur fubfiftante, elle

P. 69.

se refroidiroit infenfiblement. Mʳ; de Buffon en convient, & c'eſt ce refroidiſſement qu'il affirme comme inconteſtable dans preſque toutes les pages de ſon ouvrage. Mais le contraire eſt démontré par tout ce qui reſte de monumens propres à conſtater la température du globe, depuis qu'il y a des hommes ſur la terre, & des coquillages dans la mer. Les mêmes êtres, les mêmes eſpeces ſubſiſtent dans les mêmes climats; aucune ne s'eſt perdue, aucune n'a cédé à un degré de froid incompatible avec ſa nature; celles que Mʳ. de Buffon nous aſſure être anéanties dans plus de 30 différens endroits de ſes *Epoques*, exiſtent très-certainement. Je donnerai de tout cela des preuves de fait, qui, j'eſpere, feront de nature à contenter tous les eſprits. Mais, comme il s'en préſentera des occaſions plus naturelles dans l'examen des *Epoques* ſuivantes, on me permettra de différer ce détail, & d'obſerver ſeulement ici, en paſſant, que, le refroidiſſement ſucceſſif n'exiſtant pas, la terre ne peut être ſortie du ſoleil.

Mais, en ſuppoſant que la terre ſe fût refroidie, ſon refroidiſſement eût-il commencé par les poles, comme Mʳ. de Buffon l'enſeigne? Non, l'équateur auroit été refroidi le premier. Je crois qu'en géométrie & en phyſique rien ne peut être mieux démontré. Voïons ſi je n'avance pas trop.

Mʳ. de Buffon nous avertit que l'action du ſoleil ne doit point entrer ici en compte; ſes P. 14 raïons n'influant que très-peu ſur la chaleur

E 2

du globe, & ne pénétrant pas à 150 pieds en terre; ce qui, à l'égard d'un diametre de 3000 lieues, doit être réputé pour rien. C'est donc sur un autre principe qu'il faut juger la chose. J'en choisis un qui me paroit sûr.

Les corps les plus éloignés du centre de la chaleur, se refroidissent plutôt; ceux qui en font plus près, conservent la chaleur plus long-tems. *Les parties voisines du centre de la terre*, dit Mr. de Buffon, *font plus chaudes que celles qui en font éloignées*, p. 13. Pour rendre la chose sensible par une image toute simple, échauffez une piece de fer de la forme d'un fuseau, les deux bouts se refroidiront les premiers.

Faisons maintenant l'application de ce principe. Le centre de la chaleur du globe, c'est le centre même du globe. Les poles (supposé toujours leur applatissement) font plus près du centre du globe que l'équateur, & conféquemment plus près du centre de la chaleur; ils ont donc été refroidis plus tard. L'équateur (supposé toujours son élévation) est plus éloigné du centre de la terre & de la chaleur que les poles; il a donc moins long-tems conservé sa chaleur *.

※ ※ ※

Donnons enfin quelque chose, je ne dirois pas à la complaisance; mais à la confidération due à un aussi grand physicien que Mr. de Buffon. Laissons sortir ses planétes du soleil; tourner sur leur axe en ligne droite ou oblique; s'étendre, se refroidir;

Note marginale:

* A cette preuve j'aurois pu ajouter le mouvement de l'équateur; car, suivant Mr. de B. (*Hist. nat. T. I, pag. 148*), rien n'est plus propre à éteindre, à refroidir les astres que le mouvement, même dans le vuide; mais je n'aime pas à multiplier les démonstrations sur le même sujet de peur d'affoiblir l'impression des plus évidentes & des plus sensibles.

mais avant l'époque de cette fatale extinction, occupons-nous du plaisir de voir sortir de leur sein des satellites, & surtout cette lune, cet astre paisible & discret, dont la naissance ne nous peut être indifférente. Soions bien attentifs; M^r. de Buffon va nous apprendre des choses au moins absolument nouvelles, & qui seront applaudies par les arbitres & les juges modernes des sciences; il peut dire comme Horace :

> *Non priùs audita*
> *Virginibus puerisque canto.*

Les satellites de ces deux grosses planètes (Saturne & Jupiter) *aussi bien que l'anneau qui environne Saturne, avoient été projetés dans le tems de la liquéfaction par la force centrifuge.* (Je savois bien que certains Newtoniens avoient fait faire tout cela par l'attraction, mais je ne connoissois encore rien des fruits de la *projection.* Du reste, ce n'est pas la première fois qu'en fait de système deux causes toutes contraires produisent des effets parfaitement les semblables). —— *La terre, dont la vitesse de rotation est d'environ 9000 lieues pour 24 heures, a projeté hors d'elle les parties les moins denses.* (Ce sont les plus denses qui ont dû être projetées; ou tous les principes de la statique ne sont que des chimères. J'en appelle à tous les physiciens, depuis Newton jusqu'à l'écolier auquel on a marqué sa leçon dans le chapitre *des forces centrifuges* (a). Mais, s'il étoit pos-

P. 87

_____

(a) "*La force centrifuge n'étant autre chose que l'effort d'un corps qui tâche de continuer son mou-*

vement

fible que les plus légeres l'euffent emporté
fur les plus denfes, certainement l'air, l'eau,
le feu l'euffent emporté fur la matiere folide
qui conftitue la lune. Ce ne font donc ni les
plus denfes, ni les plus légeres qui ont dû
être projetées. Et par quelle régle de la nouvelle ftatique s'eft fait ce plaifant triage de
matieres terreftres ? . . . D'où venoient ces
matieres légeres ? N'avons-nous pas vu que,
par le choc de la cométe, les matieres légeres avoient été chaffées bien plus loin que
les denfes ? qu'elles avoient formé les plus
grandes planétes ? Et voilà tout-à-coup une
maffe énorme de matieres légeres dans la
terre, Saturne, Jupiter, dont le triage d'avec les
denfes fe fait long-tems aprés le choc de la
cométe, fans qu'on puiffe deviner pourquoi
il ne s'eft pas fait dès-lors). —— *Lefquelles*
(parties projetées) *fe font raffemblées par
leur attraction mutuelle à* 85,000 *lieues de diftance, où elles ont formé le globe de la lune.*

---

vement par la tangente, doit fe mefurer, comme
le mouvement même, par la maffe & la vîteffe:
ainfi de deux mobiles qui circulent avec des vî-
teffes égales, celui-là a plus de force centrifuge,
qui a plus de maffe. ... L'effet général de la force
centrifuge éft d'augmenter le mouvement des corps
à proportion de leur maffe; ainfi de plufieurs corps
qu'on fera mouvoir circulairement, les plus pefans
doivent gagner la circonférence, & forcer les autres à fe réfugier vers le centre „. Traité abregé
de Phyf. à l'ufage des colléges, tom. I, p. 414,
415. ——On lit précifément la même chofe dans
tous les livres élémentaires de ftatique & de
phyfique,

(Admirons la fage conduite de ces particules, qui d'abord quittent la terre, fans reffentir leur pefanteur, 289 fois plus grande felon Newton, que leur force centrifuge; fans confidérer l'exemple des particules folaires foit denfes foit légeres, qui quoique fluides & d'une étonnante activité reftent tout bonnement dans le fein de cet aftre, malgré fa rotation ; admirons, dis-je, ces particules qui méprifant tous les genres d'attraction que leur préfentoient les globes céleftes, & la terre leur mere fur-tout, vont exactement enfemble le chemin de 85,000 lieues ni plus ni moins; aucune n'avance, ni ne refte en arriere, aucune ne va à droite ni à gauche ; nulle efpece de divergence ne marque leur route. Arrivées heureufement à la diftance de 85,000 lieues, & cela en même tems, & dans le même point de l'efpace; aucune ne fonge à aller plus loin; elles s'embraffent, s'accolent, & fe mettent à tourner autour de la terre, ce qu'elles n'ont pas ceffé de faire un moment, depuis à-peu-près 75,000 ans..... Vous allez croire que M^r. de Buffon a voulu badiner. Continuez de lire & détrompez-vous).

Phil. nat. princ. p.379.

—— *Je n'avance rien ici qui ne foit confirmé par le fait.* (Vous voïez que c'eft un fait, or on ne nie point les faits; on en rit quelques fois fi en effet ils font divertiffans ; mais les nier, pour cela non). —— *Je dis que ce font les parties les moins denfes qui ont été projetées.* (J'ai démontré que ce dévoient être les plus denfes). —— *Car l'on fait que la denfité de la lune eft à celle d*

la terre comme 702 à 1000; & l'on fait aussi que la lune circule autour de la terre, & que sa distance moïenne est de 85,000 lieues. (Je ne sais si cet argument est *a priori*, ou *ab actu*, ou *a posteriori*. Mais il est charmant, & l'on ne peut se refuser à sa lumineuse impression, " La lune a été pro-
" jetée hors de la terre. C'est *un fait con-*
" *firmé*; en voici les preuves & la pleine
" confirmation. La lune est *moins dense que*
" *la terre*, elle circule autour de la terre;
" sa distance est de 85,000 lieues. *On sait*
" tout cela. Par conséquent elle a été *pro-*
" *jetée dans le tems de la liquéfaction* "
. . . . Il faudroit être bien lourd pour ne pas appercevoir l'évidence de cette conclusion).

Mais pourquoi quelques planétes ont-elles *projeté* des satellites, & d'autres point? Belle demande! Ne *fait-on pas* que les unes sont plus denses, les autres plus légeres; que les unes tournent plus vite, les autres plus lentement; que les unes se sont refroidies plu-tôt, les autres plus tard (p. 88, 89, 90, 91, 92.) (a)? Après cela on a bonne grace de

---

(a) Bien entendu que toutes ces différences sont calculées selon le besoin & l'exigence du cas, suivant l'effet qu'on s'en promet & la conséquence qu'on se propose d'en tirer. Par ex. on ne sait pas le tems de la révolution de Saturne, ni même s'il fait réellement une révolution sur son axe. Cependant Mr. de Buffon nous apprend que *probablement il tourne sur lui-même encore plus vite que Jupiter*. P. 89. Et la preuve de cette
assertion ?

demander pourquoi elles n'ont pas toutes fait
des satellites.

Cependant de tant de chofes qu'*on fait* je
dois avertir qu'il y en a une qu'on ne *fait*
pas, & cette chofe c'eft la denfité des planétes, dont on ne *fait* rien du tout. N'en
déplaife à M^r. de Buffon, qui lui-même va
nous prouver qu'on n'en *fait* rien. Il eft vrai
que fur cette denfité il a bâti des hypothefes
fans nombre. Depuis la page 86 jufqu'à la
page 93 le célebre naturalifte nous occupe
des merveilles de la denfité. On y voit des
calculs de tous les genres, admirables par leur
précifion, intéreffans par l'utilité évidente qui
en réfulte, & fur-tout bien fûrs par les fuppofitions qui les étaient, comme nous allons
voir.

La nature propre des corps planétaires étant
tout-à-fait hors de la portée de nos fens, nous

___

affertion ? C'eft qu'il a jeté 5 fatellites, au lieu
que Jupiter n'eft pere que de 4.... Mais d'où
vient qu'il en a produit un de plus ? C'eft que
probablement il tourne plus vite. Voilà comme on
s'inftruit de la bonne façon de faire des fatellites. ... Cependant fi Saturne tourne *probablement*
plus vite, il eft certainement plus petit ; il a
certainement moins de force centrifuge, puifqu'il
eft moins denfe *; il s'eft certainement refroidi
le premier. Comment donc a-t-il une fi nombreu-
fe famille ? Cinq fatellites, ..., & encore un gros
anneau, *plus grand que les 5 fatellites enfemble !*
Oh ! c'eft trop de bonheur. Tout lui annonçoit
une ftérilité complette, & jamais il n'y eut, au
moins parmi des planétes, de fécondité plus
étonnante.

* ci-deffus
p. 69.

ne pouvons avoir à ce fujet que des connoiffances conjecturales, fondées fur des raifonnemens plus ou moins vraifemblables. Newton
qui n'a pas fongé à tirer les planétes du foleil, ni à leur faire projeter des fatellites, a
établi fimplement que les planétes les plus
voifines du foleil devoient être les plus denfes; parce qu'aïant à fupporter une chaleur
plus grande, il étoit à croire que le Créateur (car Newton en reconnoiffoit un, qui
n'étoit pas précifément *non oppofant*) leur
avoit donné une denfité proportionnelle à
leur diftance du foleil. C'eft-là fur quoi eft
fondé cet *on fait*. Mais dans le moment on
ne *faura* plus; car M^r. de Buffon rejette la
raifon de Newton, & prétend que la denfité
des planétes *a plus de rapport avec leur viteffe qu'avec le degré de chaleur qu'elles ont*
à *fupporter. La proportion, établie par Newton, entre la denfité & la chaleur des planétes, ne peut pas fubfifter* (a).

Hift. nat.
t. I. p. 145.

(a) Dans le fond je ne crois pas la raifon de
Newton plus folide que celle de Mr. de Buffon.
Ce n'eft point le degré de denfité qui rend les
corps plus ou moins propres à fupporter la chaleur. Les matieres calcaires les plus légeres, ré-
fiftent mieux au feu que les vitrifiables les plus
denfes. Mais quoiqu'il en foit des conjectures
de Newton fur la denfité des planétes, je fuis
bien fûr que s'il les avoit fait jaillir hors du foleil, il auroit fait aller les plus denfes plus loin
que les autres, fauf de s'arranger enfuite avec
la chaleur [comme il auroit pu. ==== Tycho
croyoit toutes les planétes infiniment moins denfes que la terre, parce que celle-ci, felon lui, étoit
en

Voilà donc que le *on fait* de Newton est détruit par le nouveau *on fait* de Mʳ. de Buffon ; & pour qu'il n'en reſte rien du tout, après avoir anéanti le fondement des calculs de Newton, il en attaque les calculs mêmes ; & la terre dont la denſité eſt 400, ſelon Newton, doit l'être ſelon Mʳ. de Buffon, 440 $\frac{7}{8}$. Mais Mʳ. de Buffon lui-même a établi une autre meſure de la denſité planétaire, très-différente de celle de *leur viteſſe*. Meſure bien plus intelligible & plus aſſortie à la choſe, ſi elle n'étoit (comme je l'ai démontré) contraire à toutes les régles du mouvement. Dans le choc de la fameuſe cométe les parties du ſoleil les plus légeres ſont allées plus loin. Voilà la bonne régle à laquelle il falloit ſe tenir, elle nait de la nature même de la choſe. Il n'y avoit qu'à calculer les diſtances, & la denſité étoit déterminée. Et, niant un moïen ſi ſûr & ſi court, on va s'en prendre à la viteſſe. Cela n'eſt point d'une bonne politique. —— J'oubliois d'obſerver que le même Mʳ. de Buffon, après avoir choiſi la viteſſe pour meſurer la denſité, & n'y aïant pas trouvé ſon compte, s'en prend dans la page ſuivante à la chaleur que les planétes reçoivent du ſoleil. .... Quoique le ſoleil ne pénetre pas 15 pieds en terre, ſes raïons ont porté la denſité de la terre de 206 $\frac{7}{8}$

Hiſt. nat. p. 1. p. 146.

---

en repos, & les autres en mouvement. On voit que l'accord des aſtronomes eſt ici parfait comme par-tout ailleurs.

à 440⅞. Que de belles chofes n'apprend-on pas en étudiant la denfité des planétes ! (a).

Au refte il faut rendre juftice à la mode-ftie de M꭛. de Buffon. Il convient que M꭛. Bailly, le pere des Tfchuden (b), lui a com-muniqué de grandes lumieres fur l'état des planétes, fur-tout fur Jupiter, dont ce

P. 93. *favant phyficien - aftronome de l'académie des fciences* a obfervé le *bouillonnement*, conformément *au fyftême de l'incandefcence générale & du refroidiffement des planétes*; & fans doute que les mémoires fcienti-fiques, trouvés dans les archives de Selin-ginfkoi en Sibérie, & du Spitzberg - atlan-tique, auront jeté un nouveau jour fur la

_____

(a). Du tems de Séneque un genre d'étude tout auffi folide & auffi utile, occupoit les fa-vans & provoquoit l'admiration de la multitude. Ce philofophe gémiffoit de la perte du tems & des talens. Que n'eût-il pas dit s'il avoit vu des Newton & des Buffon pâlir fur les calculs d'une denfité, dont la connoiffance n'eft fondée fur aucun principe avoué? *O pueriles ineptias ! in hoc fupercilia fubduximus, in hoc barbam dimif-mus, hoc & fenes docemus & pallidi.* Epift. 49.

(b) Peuple créé par Mr. Bailly; inconnu à toute l'antiquité, dont l'exiftence fuivant la chronologie facrée eft une chimere pure; mais le plus fage, le plus favant peuple de la terre. C'eft de lui que nous viennent toutes les con-noiffances aftronomiques, excepté peut-être celle du *bouillonnement* de Jupiter, qui étoit réfervée *à ce favant phyficien-aftronome de l'académie des fciences.*

denfité des planétes & le vrai moïen de la déterminer.

~ ❦ ~

J'ALLOIS finir cette premiere *Epoque,* lorfque je me fuis vu arrêté par un fcrupule qui prend tout-à-coup à Mʳ. de Buffon, fur la grande antiquité de fon monde. J'avoue que je ne fongeois pas à lui en parler ; mais puifqu'il entame lui-même cette matiere, le refpect qui lui eft dû, exige qu'on y faffe quelque attention. *Pourquoi nous jeter, m'a-t-on dit, dans un efpace de* 168 *mille ans ? Je n'ai d'autre réponfe que l'expofition des monumens & la confidération des ouvrages de la nature.* Après cette réponfe générale, Mʳ. de Buffon choifit un de ces *monumens,* un de ces *ouvrages de la nature.* C'eft une colline d'argile. Quoiqu'elle n'appartienne pas à cette époque, je fuivrai le favant naturalifte dans l'explication qu'il en donne.

P. 96

Pour rendre cet apperçu plus fenfible, donnons un exemple. (On voit que c'eft ici une preuve choifie, un fait *fenfible* ; il fervira donc de tout droit à prononcer fur les autres). —— *Cherchons combien il a fallu de tems pour la conftruction d'une colline d'argile de mille toifes de hauteur.* (Ciel. Quelle colline ! Une colline de mille toifes ! Le mont Pilate, la plus haute montagne de la Suiffe, peut-être du monde entier (a), n'en a que

_____

(a) A la mefurer par fa bafe & dans fa maffe propre. Les montagnes grouppées font fans dou-

te

978 (a). On voit que M^r. de Buffon nous
fait grace, en demandant que nous suppo-
fions feulement une *colline* 22 toifes plus
haute que le mont Pilate; bien entendu que
cette colline fera tout fimplement compofée
d'argile, & d'argile en ardoifes; fans aucun
genre de matieres différentes; point de calcaires fur-tout, point de métaux, de fel, de
roc vif; cela va fans dire). ⸺ *Les feuillets
des ardoifes font fi minces qu'on peut en compter une douzaine dans une ligne d'épaiffeur.*
(On ne voit pas encore où cela va; mais
voici le fecret de l'*apperçu fenfible*, qui va fe
manifefter). ⸺ *Suppofons que chaque marée dépofe un fédiment d'un douzieme de ligne d'épaiffeur, le dépot augmentera d'une
ligne en fix jours; par conféquent d'environ
cinq pouces par an, ce qui donne plus de 14
mille ans pour la compofition d'une colline de
mille toifes de hauteur.* (Nous voilà au fait
de la chofe. Les feuillets des ardoifes font l'effet des marées, chaque marée fait un feuillet,
il n'y a maintenant qu'à compter les marées

───────────────────────────

te plus hautes, mais elles ne forment pas une
feule *colline*. Le Pilate eft une maffe ifolée, fans
montagnes fubalternes & fubordonnées, qui n'a
d'autre bafe ni d'autre appüi qu'elle-même.

(a) Le général Pfiffer, qui a paffé un grand
nombre d'années dans l'examen des montagnes
de la Suiffe, qu'il a figurées en cire dans leur
exacte proportion (ouvrage admirable dont je
parlerai ailleurs), m'a affuré que 978 toifes
étoient la vraie élévation du Pilate, en le pre-
nant de la fuperficie du lac de Lucerne.

qu'il y a eu dans l'espace de 14 mille ans, & les comparer aux feuillets des ardoises de la petite *colline de mille toises*, & le compte se trouvera d'une justesse étonnante . . . Mais les feuillets des ardoises sont-ils effectivement l'effet des marées? Oh! qui en doute? Comment une chose pourroit-elle être feuilletée sans être l'effet des marées? Doute plaisant que celui-là . . . Mais les schistes qui ne sont pas en forme d'ardoises, sont également *feuilletées*, & cela d'une manière si irrégulière & si bizarre, que jamais marée n'a pu faire d'ouvrage semblable (a); mais la roche de cornes, pierre primitive & produite du feu, suivant M^r. de\Valmont, est aussi feuilletée; mais *les matières végétales*, dit M^r ~~le~~ Buffon, les gros arbres, qui ne sont ⸳ ⸳ ⸳ des marées, *tendent à faire des* ⸳ ⸳ ⸳ mais M^r. de Morveau a fait du *cha* ⸳ ⸳ *uilleté* avec une concrétion *blanche* ⸳ ⸳ ⸳ ⸳ On ne finiroit

P. 156.

P. 157.

(a) La simple inspection de ces schistes exclut absolument l'idée des marées. Souvent la même feuille est très-grosse & très-mince dans l'espace de deux ou trois pouces; rarement elles gardent le niveau sur l'étendue d'un demipied. J'en ai vu une pièce d'une sinuosité singulière dans le cabinet de Mr. le B. de Cler à Liege, ses bosses rentrantes & saillantes disposées dans une symmétrie parfaite, s'enchassent dans les feuilles inférieures, comme des pièces de rapport. ━━━ Il y a aussi des ardoises composées alternativement d'une couche dure & d'une molle. Le moyen de comprendre une telle bizarrerie dans des marées si uniformes durant 14 mille ans? V. l'*Oryctograph. helv.* de Scheuchzer, p. 110.

roit pas s'il falloit faire l'énumération de toutes les matieres feuilletées qui n'ont jamais
approché de la mer, ni des marées. Comment donc peut-on décider que les ardoises
font l'effet des marées, par-là qu'elles font
feuilletées ? (a)... Voilà bien des objections;
mais que peuvent-elles contre le *témoignage*
P. 99. *de ce qui se passe sous nos yeux ?* Ecoutons
Mr. de Buffon) : —— *La mer dépose des li-*
mons sur les côtes de Normandie, le dépôt
augmente insensiblement & de beaucoup moins
de cinq pouces par an. (Si les marées ne forment pas des dépôts de *cinq pouces par an,*
& que ce soit-là le compte des feuillets d'ardoises, ne doit-on pas conclure que les ardoises ne font pas l'effet des marées; & que
l'exemple des marées de Normandie, qui en
général font de même nature que les autres,
prouve précisément le contraire de ce que
Mr. de Buffon prétend en inférer ? Mais il y
a tant de merveilles à considérer ici, qu'on
auroit tort de s'arrêter à des bagatelles de
cette nature. Une mer, qui durant 14000 ans
n'amene que des argiles, & cela toujours sur
la même colline, tandis qu'à droite & à gauche

(a) Je n'entreprendrai pas d'expliquer la maniere dont se forment ces matieres feuilletées.
Sans un grand effort de modestie, je crois que
je ne réussirai pas mieux à faire des collines
d'ardoises par les moyens que j'imaginerois, que
par la succession des marées. L'occasion se présentera de faire quelques réflexions, tant sur les
effets les plus singuliers du déluge, que sur le
secret des opérations de l'agissante nature dans
le sein de la terre.

che elle voiture des craies, des marnes &
cent autres fubftances qui n'ont rien de commun avec les ardoifes.... une mer qui fait
toujours des feuillets de la même délicateffe,
douze fur une ligne d'épaiffeur; qu'elle foit
trouble & épaiffie par la vafe, ou claire
comme le cryftal, les feuillets font toujours
d'une tenuité égale. Quelle conftance, fur-
tout dans un élément auffi fougueux, auffi
variable!... durant 14000 ans!... une mer, qui
veille tellement à la pureté de la matiere ar-
doififique, qu'au-lieu de mille coquillages
qu'elle dépofe à chaque marée fur les rivages
qui font *fous nos yeux*, elle n'en met pas
cent, & quelquefois pas une dans toute une
ardoifiere.... une mer, qui durant 14000 ans
trouve toujours fa colline favorite dans un
niveau parfait; tandis qu'il n'y a peut-être
pas aujourd'hui une ardoifiere dans le monde,
parfaitement & généralement de niveau avec
la mer. Je comprends que les volcans, l'enfoncement des cavernes ont tout gâté. Mais
encore, durant 14000 ans pas le moindre ac-
cident, pas un petit volcan dans le tems où
il y en avoit *cent fois plus* qu'aujourd'hui, P. 192.
pas un tremblement de terre, pas une voute
de caverne tant foit peu ébranlée! O heureufe tranquillité du globe durant 14000 ans!
Les chofes, hélas! ont bien changé depuis.
Tant de prodiges raffemblés ne peuvent manquer d'illuftrer fingulierement cet *apperçu fenfible*, qu'il eft impoffible de méconnoître *fans
contredire évidemment les faits confignés* P. 100.
dans les archives de la nature.

F

SECONDE EPOQUE.

Lorsque la matiere s'étant consolidée, a
formé la roche intérieure du globe, ainsi que
les grandes masses vitrescibles qui sont à sa
surface.

CE sommaire des événemens de la seconde
Epoque nous indique deux choses que
nous devons supposer contre le témoignage
des vérités les plus incontestables. D'abord il
faut croire que la matiere a été en fusion,
ce que nous avons vu être très-faux, qu'elle
s'est ensuite *consolidée*, ce qui n'est pas plus
vrai. Mais perdant de vue ces deux articles, considérons *la roche intérieure.* Cette
roche n'étoit pas encore connue de M^r. de
Buffon en 1744. L'intérieur de la terre étoit
alors pour lui un de ces secrets dont l'intelligence humaine doit s'interdire la recherche (a); mais dès le moment qu'il s'est oc-
                                        cupé

_____

(a) *Nous ne pouvons pénétrer que dans l'écorce*
de la terre ; & les plus grandes cavités, les mi-
nes les plus profondes ne descendent pas à la huit
millieme partie de son diametre ; nous ne pouvons
donc juger que de la couche extérieure & presque
superficielle, l'intérieur de la masse nous est entie-
rement inconnu. Hist. nat. p. 70.

cupé de l'histoire des *Epoques*, il a eu là-
deſſus des lumieres qui ont ſubjugué ſa croïan-
ce, il a *acquis des connoiſſances , & recueilli* **P. 405.**
des faits qui lui ont démontré que les plus
grandes montagnes tiennent immédiatement
à la roche intérieure du globe. Il eſt certain
que des *connoiſſances* de cette nature ſont inconteſtablement *très-profondes* , les faits ſur leſquels elles ſont fondées, ne peuvent être que
miraculeux. Maupertuis avoit propoſé à la vérité de faire en terre un trou de 1500 lieues
qui inſtruiroit ceux qu'on y deſcendroit , de
la nature des matieres dont l'intérieur du globe
eſt compoſé, mais l'utile & raiſonnable pro-
jet n'aiant pas eu lieu, on ne s'imagineroit
pas que Mr. de Buffon auroit eu des *démon-*
ſtrations ſur cet article. On s'eſt trompé. Mr.
Griffon, auquel Mr. de Buffon a communiqué
ſes Epoques (a) , quelques années avant l'impreſſion

(a) C'eſt une choſe remarquable que le ſoin
qu'a eu Mr. de Buffon de communiquer ſes *Ep-*
ques en manuſcrit à une infinité de perſonnes ;
& c'eſt la raiſon pour laquelle on trouve déja
ces *Epoques* dans tant d'ouvrages d'une date an-
térieure. Elles ont été envoyées juſqu'en Sibérie
à Mrs. Gmelin & Pallas. On les trouve toutes entieres dans les féeries de l'illuſtre Mr. Bailly, qui
s'en étoit tellement pénétré, qu'il n'en a pas omis
une circonſtance, & qu'il a trouvé le refroidiſſement commencé par les poles très clairement exprimé dans la fable du Phénix. L'auteur *de la*
religion par un homme du monde, nous avertit
que Mr. de Buffon lui a fait l'honneur de lui
communiquer ſes Epoques, & que lui, auteur
docile & complaiſant, a eu la bonacité d'en
vouloir faire une apologie de la phyſique de

F 2   Moïſe

preſſion (ainſi qu'à Mrs. Bailly, Gebelin, Pallas, Holbach, & même à l'auteur *de la religion par un homme du monde*), M^r. Gril-

P. 406. lon, dis je, a *pénétré dans l'intérieur des montagnes primitives par les puits & les galeries des mines à des profondeurs de douze ou quinze cents pieds; par-tout elles ſont compoſées de roc vif & vitreux.* Voilà donc une preuve de *fait*, un témoin oculaire, d'autant plus irrécuſable qu'il connoiſſoit préalablement les *montagnes primitives*, & les diſtinguoit ſans héſiter un moment de celles *qui ſont de la ſeconde Epoque de la nature* (a). Mr. Gril-lon comme on voit, connoiſſoit déja le 6 Août 1777, *la ſeconde Epoque de la nature,* comment n'auroit-il pas vu dans l'intérieur du globe tout ce qui s'y étoit paſſé, avec un

---

Moyſe. Mr. Pallas, qui parle auſſi *d'Epoques*, paroit avoir été moins ſenſible à cette communication; ce bon Ruſſe tient fortement à la doctrine du déluge, ainſi que nous aurons occaſion de le remarquer. Du reſte tous ces *Epoquiſtes*, en ſervant à Mr. de Buffon *d'enfans perdus*, tantôt pour devancer ſa marche, tantôt pour faire quelque illuſion à ſes adverſaires, en ſont récompenſés par les titres les plus honorables. *Savant, célebre, illuſtre, excellent obſervateur, profond phyſicien,* tous ces honneurs viennent de droit aux amis de ces précieuſes *Epoques.* On ne perd jamais rien en ſervant les grands hommes; parvenus au comble de la célébrité, ils ſavent la faire refluer ſur les autres avec diſcernement & avec reconnoiſſance. *Beatificant & beatificantur.* Iſaï. 9.

(a) Il devoit dire *de la troiſieme.*

œil obfervateur, fur-tout à 15 *cents pieds de profondeur.* C'eft-là exactement où fe décide la nature de *la roche intérieure du globe,* fur-tout depuis qu'une *colline d'ardoifes* qu'on nous donne pour une des moindres, a 6000 pieds de profondeur (a).

Ci-deffus, P. 77.

Mais il y a un argument plus victorieux encore en faveur de la roche vitreufe, c'eft que *la denfité du globe terreftre eft moïenne entre les denfités du fer, des marbres, des grès, de la pierre & du verre;* d'où il s'enfuit qu'il eft compofé d'une matiere *vitreufe un peu plus denfe que le verre pur.* Le moïen de réfifter à l'évidence de ce raifonnement, quand on a bien examiné ce qui a été dit ci-deffus fur la denfité des planétes, & quand on eft inftruit qu'il eft le *réfultat de toutes les expériences & des obfervations recueillies dans un long efpace de tems,* favoir, *depuis 1744,* que le traité de la théorie de la terre a été écrit, *jufqu'en 1778,* tems de la publication des *Epoques.*

T. II, p. 245.

Cependant il y a ici un léger anachronifme. Ce n'eft pas depuis l'an 1744 jufqu'en 1778, que M^r. de Buffon a affemblé tant d'*expériences* & d'*obfervations* qui lui ont fait connoître

---

(a) Ce que c'eft que nos obfervateurs! Il n'y a rien dans la nature qu'ils n'aient vu d'une maniere tout oppofée. Tandis que Mr. Grillon ne voit que le roc vif fous la maffe des montagnes, Mr. Valmont de Bomare nous affure qu'*en fouillant à une grande profondeur de la terre, on trouvera toujours que les rochers font portés fur des glaifes ou fur des fables.* Dict. d'hift. nat. art. Terre.

noître *démonstrativement* l'état intérieur du globe. Ces *expériences*, ces *observations* ont été faites toutes dans l'espace du tems que M^r. de Buffon a emploié depuis la page 70 jusqu'à la page 160 du I. tome de l'*Histoire naturelle*. Car dans la page 70, on lit le passage que je viens de citer sur l'impossibilité de connoître l'intérieur du globe, & à la p. 160, on lit ce qui suit : *l'intérieur de la terre est rempli d'une matiere à-peu-près semblable à celle qui compose sa surface. Ce qui peut achever de nous déterminer en faveur de ce sentiment : c'est*, &c. Or *la surface* du globe primitif étoit de verre en 1744, son intérieur étoit donc de la même matiere.

Mais, si la roche vitreuse étoit si bien connue en 1744, elle ne l'étoit plus en 1776 ; car alors elle n'étoit plus simplement de verre. Elle étoit en partie de fer, & sur-tout très-*calcaire ;* oui *calcaire*, quoique dans les *Epoques*, les marnes, craies, marbres, &c, tous les calcaires enfin appartiennent exclusivement à la troisieme époque. On peut s'assurer de ce que j'avance ici dans le *Mémoire sur la température des planétes*, p. 80 & 91, in-8°. *Comme la terre*, dit M^r. de Buffon, *nous paroit être composée de matieres vitrescibles & calcaires, qui se refroidissent en moins de tems que les matieres ferrugineuses, il faut prendre le tems respectif du refroidissement de ces différentes matieres.* Si les matieres calcaires n'ont pas été dans la roche primitive, si elles sont l'effet de l'eau, produit 20 ou

30 mille ans après le refroidiffement du globe;
la belle régle de calculer le refroidiffement du
globe fur celle des matieres calcaires ! . . . . .
J'ai cru devoir réduire les matieres, dont le
globe eft principalement compofé, aux ma-
tieres vitrefcibles, calcaires & ferrugineufes,
dont le refroidiffement mis en fomme, &c.
On voit que le globe en fufion (car il s'agit
d'en calculer le refroidiffement depuis cette
époque) étoit compofé de matieres *calcaires*
& ferrugineufes. Dans les *Epoques,* la chronologie des matieres eft différente. Le fer arrive à la feconde époque; les calcaires, à la
troifieme, &c; à l'entrée de la feconde époque, le globe eft encore tout uniment de
verre. *Les plaines, les montagnes, ainfi que*
l'intérieur du globe, étoient également &   P. 109.
uniquement compofées de matieres fondues
par le feu, toutes vitrifiées, toutes de la
même nature. Voïons ce qui en réfultera,
& admirons les merveilles de cette nouvelle
création.

De ce roc vif & pur, de cette vitrification
opérée dans le foleil de la maniere la plus complette, on verra, pourvu qu'on s'en donne
le tems, fortir des métaux de tous les genres; les gros arbres iront former la houille
dans le fein des montagnes, les vallées fe ta-
piferont d'herbes & de fleurs, les éléphans
paroîtront vers les poles, puis au midi, & à
leur fuite quel nombre, quelle variété d'animaux ! Enfin l'homme viendra exercer fon
domaine fur ces intéreffantes productions.
Tout cela vient de ce roc vitreux d'une ri-
cheffe

cheffe & d'une fécondité infinies dans fa diffolution ; ftérile de lui même , mais foumis à l'action
de l'air , de l'eau & du feu , il a fubi cette
décompofition admirable que nous préfente
l'afpect actuel du globe. Telle eft la propriété
du verre pur, du verre primitif, fuivant M^r.
de Buffon ; voici quelle eft fa nature fuivant
les hommes les plus verfés dans la fcience de
la chymie.

De toutes les matieres du globe le verre eft
le feul qui n'éprouve aucun changement, ni par
le feu , ni par l'air , ni par l'eau , ni par
quelque concours de caufes que ce foit. Aujourd'hui que le globe eft compofé de matieres
calcaires, ferrugineufes, végétales &c ; le verre,
réduit en pouffiere & mêlé avec ces matieres
diverfes , peut former des combinaifons de
tous les genres ; mais lors de la roche purement *vitreufe*, rien de cela n'exiftoit, & conféquemment le verre a toujours dû refter pur.
Nous avons vu que le verre pur ne pouvoit fu-
bir quelque changement que ce fût ; que les
miroirs ardens les plus violens non-feulement
ne pouvoient l'altérer d'aucune maniere , mais
ne pouvoient même lui donner un^e commencement de fufion. L'air & l'eau auroient - ils
fur le verre plus de pouvoir que le feu même
du foleil ? *Le verre*, dit M^r. Macquer, *réfifte à l'action de l'air, de l'eau, des acides,
de tous les diffolvans. C'eft à la terre vitrifiable qu'il doit toutes ces qualités.* Dict. de
Chymie, art. *Verre.* Ailleurs il démontre que
la terre vitrifiable , le verre pur ou primitif, eft la plus *apyre* de toutes les matieres.
On a vu ce paffage ci-deffus, pag. 54.

Il est donc bien sûr que, si le globe n'avoit été d'abord que du verre, il ne seroit point encore autre chose aujourd'hui. Je saisis l'occasion d'emploïer utilement & en l'honneur de la vérité, l'éloquence de M^r. de Buffon : *Qu'on se figure pour un instant la surface du globe dépouillée de toutes ses collines calcaires, ainsi que de toutes ses couches horizontales de pierre, de craie, de tuf, de terre végétale, d'argile, en un mot de toutes les matieres liquides ou solides ; quelle seroit cette surface après l'enlevement de ces immenses déblais ! il ne resteroit que le squelette de la terre, c'est-à-dire, que la roche vitrescible.* Oui exactement, il ne resteroit que cela ; & jamais par conséquent le globe ne seroit devenu autre chose que cela, si d'abord il n'avoit été que cela ; puisque ces *immenses déblais* n'eussent jamais existé, & n'eussent pu revêtir la nudité de ce *squelette.* C'est en vain que M^r. de Buffon invoque l'air, l'eau, le feu, tous les élemens, pour en faire un globe habitable ; jamais ils n'y produiront un brin d'herbe, jamais ils n'altéreront un grain de verre (a).

P. 109.

(a) Quand je vois des physiciens s'occuper si sérieusement, avec tant d'efforts & d'inquiétudes, d'un plan de création qui puisse décréditer & remplacer celui de Moyse, quand je les vois solliciter le froid & le chaud d'exécuter le monde qu'ils ont imaginé ; je me rappelle ces faux prophetes, qui, pour confondre Elie, invoquoient des dieux de toute espece, afin d'attirer le feu céleste sur leurs sacrifices ; mais les dieux dormoient ; & les élemens ne sont pas plus attentifs à la priere de nos systémateurs.

III. Reg.
&c.

Mais, fi le verre eft effenciellement ftérile, laiffons-lui du moins produire *les grandes maffes vitrefcibles*, & également ftériles, *qui font à fa furface*.

Ces *grandes maffes*, que le vulgaire appelle *montagnes*, n'ont pas toujours été le produit du feu, ni une fuite de la fufion du globe. En 1744, & long-tems après, elles étoient l'effet naturel des courans de mer, comme on peut s'en affurer dans l'*l'Hiftoire naturelle*, T. I, p. 74, 84, 123, 599, &c. Mais les chofes ont changé depuis. Le feu a pris la place de l'eau. Il eft arrivé *à la terre en* P. 101. *fufion, ce que nous voyons arrriver à une maffe de métal ou de verre fondu, lorfqu'elle commence à fe refroidir : il fe forme à la furface de ces maffes, des trous, des ondes, des afpérités ; & au-deffous de la furface, il fe fait des vuides, des cavités, des bourfoufflures, lefquels peuvent nous repréfenter ici les premieres inégalités qui fe font trouvées fur la furface de la terre, & les cavités de fon intérieur.*

Si la terre n'a pas été fondue, fi elle n'a point été de verre, comme je crois l'avoir démontré, il eft bien clair que cette origine des *grandes maffes vitrefcibles*, eft tout-à-fait romanefque. Mais, fans nous arrêter à cette confidération, occupons-nous de ce que M^r. de Buffon lui-même nous enfeigne, & il nous fera aifé de voir que la fufion & le refroidiffement du globe, fuffent-ils réels, n'ont eu aucune part dans la fabrique des montagnes.

1°. M^r. de Buffon affure que les plus hautes

tes

tes montagnes font vers l'équateur. Il feroit
aifé de faire voir la fauffeté de cette obfervation. Suppofé qu'il fût bien prouvé que les
Cordélieres font plus élevées fous l'équateur
que les autres montagnes de la terre (a),
il feroit toujours vrai que les Alpes & le

(a) Mr. de Buffon, fe confiant entierement
& exclufivement à la mefure de Mr. de la Condamine, donne à la plus haute des Cordélieres
3220 toifes. Mais Mr. de Pontopidan nous apprend que les montagnes de Norwege, fi voifines du pole, en ont 3000. Mr. Brovallius en a
trouvé 2333 aux montagnes de Suede. Suivant
les mefures recueillies par Martiniere, le Pic a
plus de 8000 toifes. Kircher affure que l'Etna en
a 4000. Amici, en diminuant cette hauteur,
convient qu'elle approche de 3000 toifes. Mikeli, qui s'eft occupé beaucoup des montagnes
de la Suiffe, qu'il a mefurées à différentes re-
prifes, & qu'il n'a pas vues feulement en paf-
fant, comme MM. les académiciens ont vu les
Cordélieres, a trouvé que ces montagnes, fi
éloignées de l'équateur, avoient près de 3000
toifes. Le Saint-Gothard, que le général Pfiffer
m'a affuré être inférieur au Tittlis, eft, felon
Mikeli, de 2750 toifes. . . Toutes ces mefures
font-elles exactes ? Je fuis bien éloigné de le
croire; mais celle de Mr. de la Condamine, l'eft-
elle davantage ? C'eft de quoi il eft au moins
permis de douter, fur-tout quand on confidere
l'efprit d'enthoufiafme & de fyftême que cet
académicien a porté dans toutes fes opérations....
quand on fait qu'il a mefuré avec le barometre,
moyen illufoire, & que le général Pfiffer, l'homme le plus verfé dans cette matiere, m'a affuré,
d'après des expériences fans nombre, ne pouvoir donner aucun réfultat digne de foi. . . .
quand on réfléchit qu'il donne à la ville de Qui-
to une élévation de 1470 toifes, c'eft-a-dire,

monftrueux Krapach, placés aux 40ᵉ. & 50ᵉ,
degrés de latitude, réfutent, par voïe de
fait, la diminution graduée, qui eft une
fuite néceffaire de l'affertion de Mʳ. de Buffon; il feroit toujours vrai que ce grouppe de
montagnes américaines, telles qu'elles font
dans leur plus grande élévation, n'eft qu'un
point en comparaifon des chaînes immenfes
qui s'étendent depuis l'occident de l'Europe
jufqu'à l'orient de l'Afie, & comprennent
dans leurs différentes branches les Pyrenées,
les Alpes, l'Appennin, le Riefenberg, le
Monte - Argentaro, le Caucaufe, le Taurus, &c; toutes montagnes énormes, & auxquelles les Cordélieres, fi on excepte celles
du Pérou, ne font pas comparables.

Mais fuppofons la prééminence des montagnes de l'équateur conftatée par des mefures
bien juftes. Que s'enfuit-il? Une nouvelle
preuve contre le fyftême des *Epoques*. Car
il eft bien clair que, fuivant la nouvelle

---

* Sa vraie
hauteur à
l'égard de la
mer eft, fe-
lon Mr. Pfif-
fer. de 1198
toifes.

218 toifes plus que n'a le mont Pilate *, qui,
dans un pays dix fois plus peuplé que le Pérou,
eft prefque toujours couvert de neiges & de
nuées, &c. &c. Je ne répéterai pas ici ce que
j'ai dit fur ce fujet dans les *Obferv. philof.* p.
30, *édit. de* 1778. Ceux qui connoiffent la difficulté de mefurer les montagnes, fur tout celles
qui s'élevent infenfiblement, & dont la bafe
occupe quelquefois des provinces entieres, ne
prononceront pas aifément fur leur prééminence.
Prefque tous les géographes, voyageurs & géo-
metres ont eu, en traitant cette matiere, une
efpece de prédilection, qui paroit avoir foumis
le calcul à l'imagination.

théorie du globe, le nord doit poffédér les montagnes les plus hautes. *Dans ce premier tems les planétes devoient fouffrir, en fe refroidiffant, différentes ébullitions, à mefure* **P. 85.** *que l'eau, l'air & les autres matieres, qui ne peuvent fupporter le feu, retombôient à leur furface; la production des élemens, & enfuite leur combat, n'a pu manquer de produire des inégalités, des afpérités, des profondeurs, des hauteurs, des cavernes à la furface & dans les premieres couches de l'intérieur de ces grandes maffes; & c'eft à cette époque que l'on doit rapporter la for- mation des plus hautes montagnes de la terre.* Je demande où le *combat des élemens* a eu lieu dans *ce premier tems?* aux poles ou à l'équateur? Sans doute aux poles, puifque les poles fe font refroidis les premiers, & qu'alors la trop grande chaleur de l'équateur *tenoit encore les vapeurs* **P. 132.** *reléguées & fufpendues.* .... Je demande où ce *combat* a dû être plus violent? aux poles, lorfque tout le globe étoit encore dans une chaleur in- compatible avec la défcente des vapeurs; ou à l'équateur, lorfque, les poles & les zones voifi- nes étant déja refroidis, il ne reftoit plus que dans cet étroit efpace affez de feu pour lutter con- tre les eaux déja en poffeffion du refte de la terre? .... Or il paroit évident que, là où le *combat des élemens* a été plus brufque, plus violent, les *afpérités*, qui font l'effet du com- bat, ont dû être plus confidérables; *les effets fe mefurent fur l'efficace des caufes,* c'eft un principe reçu, qui ne fe dément jamais dans le fait.

2°. A la vue *des hautes montagnes de la*

P. 129. *zone torride, des mers entrecoupées, se-*
mées d'un nombre d'isles, &c. M^r. de Buffon
ne doute pas que dès son origine cette partie
de la terre ne fût la plus irréguliere & la moins
solide de toutes. Il me semble que dans ses principes, *cette partie de la terre* doit avoir été
la plus *solide de toutes.* Suppofons la terre
en fufion & tournant fur fon axe. Quelles
font les parties de matiere, contenues dans
fon fein, qui rechercheront l'équateur & qui
s'empresseront à fe fixer fur la fuperficie de
cette partie du globe ? Sont-ce les moins ou
les plus denfes ? Sont-ce les plus ou les moins
propres à former, lors de leur confolidation
par le froid, une furface ferme & durable ?
Rappellons - nous la grande régle que nous
avons déja citée. *L'effet général de la force*

Ci-deffus,
p. 69. *centrifuge est d'augmenter le mouvement des*
corps à proportion de leur masse; ainsi entre
différentes matieres qu'on fera mouvoir circulai-
rement, les plus péfantes doivent gagner la cir-
conférence & obliger les plus légeres (celles
fur-tout qui pourroient produire des cavernes)
à fe retirer vers le centre. . . . Ou cette régle eft fausse, ou l'équateur doit avoir été
compofé de ce qu'il y a de plus folide & de
plus durable dans la masse du globe.

3°. Ces *grandes masses vitrescibles,* fuivant M^r. de Buffon, font compofées de granit; car c'eft le granit que M^r. de Buffon
affure être le roc vif, proprement dit, le roc
primitif. Or quel fond peut-on faire fur cette
affertion fondamentale de fon hypothefe, quand

on fait que fuivant les chymiftes les plus célebres, le granit *eft compofé de petites pierres
de différentes natures* (a), & que lors de la
formation de la roche vitreufe, *toutes les matieres étoient de la même nature* (b); quand
on fait que *la plupart des granits font formés par des parcelles de quarts, de fpaths,
de fables & de mica* (c), liés par un *ciment*
plus ou moins fort (d), & que lors de la
formation de la roche vitreufe, il n'y
avoit encore ni quarts, ni fpaths, ni fables, ni mica, ni ciment; quand on fait que
fuivant Valmont de Bomare, (très-docile dif-
ciple de Mr. de Buffon, & qui certainement
n'a pas le prurit de le contredire) le granit
eft une pierre bien trop molle pour être le
roc primitif, & moins dure que le porphy-
re (e) regardé par Mr. de Buffon comme une
production des eaux & un affemblage de pointes d'ourfins (f); & qu'enfin le granit, fuivant le même Mr. de Bomare, *appartient à la
nouvelle terre,* c'eft-à-dire, *à la 3me. Epoque,
au domaine des eaux* (g) &c. &c. Quand,
dis-je,

(a) Macquer, *Dict. de chymie,* art. Granit.
(b) *Epoques de la nature,* p. 109.
(c) Macquer, *ibid.*
(d) *Dict. d'hift. nat.* art. Granit.
(e) *Ibid.*
(f) *Hift. nat.* t. r. p. 293.
(g) *Dict. d'hift. nat.* art. *Roche de corne.* Au
granit Mr. de Bomare veut fubftituer la roche
de cornes dans la dignité de roc primitif. On
peut juger de l'averfion que doit avoir Mr. de
Buffon pour une alternative de ce genre, lui qui
regarde

dis-je, on eft inftruit de tout cela, quelle idée peut-on fe faire d'une hypothéfe, qui porte, pour ainfi dire, toute entiere, fur ce fondement ? qui dans le monument qu'elle réclame comme le plus fenfible & le plus décifif, trouve fa réfutation la plus claire & la plus complette ?

Mais ceffons de nous occuper d'une théorie des montagnes, contraire à la phyfique, la chymie, la méchanique, la géographie; pour confidérer cette multitude de métaux qui fortent à l'envi du fein du globe pour fe placer l'un au nord, l'autre au midi, les autres dans des régions tempérées. Il eft inutile de remarquer que M^r. de Buffon explique au mieux la caufe de ces pofitions différentes, mais il y a une difficulté à laquelle j'ai quelque peine à trouver une folution fatisfaifante. La voici. Tous les métaux ont été en état de fufion dans le corps du foleil, ils y ont été parfaitement vitrifiés (M^r. de Buffon affure que l'or même eft vitrifiable, ci-deffus p. 56); ils en font fortis en qualité de verre pur, tous *de la même nature* que le refte des matieres conftituantes du globe. Je demande par quel principe de chymie, lors de leur refroidiffement, ils ont repris leur nature premiere ? Pourquoi l'or s'eft-il retrouvé or, pourquoi l'argent s'eft-il trouvé différent du fer &c. J'ai
consulté

Ci-deffus, p. 77. regarde comme l'ouvrage des marées tout ce qui eft feuilleté, & la roche de corne a cette propriété.

consulté un chymiste habile pour savoir si les
matieres une fois duement & parfaitement vitrifiées, retournoient à leur nature premiere
par un simple refroidissement. Il s'est mis à
rire, & je n'ai pas été peu confus d'avoir fait
une question qui lui a paru être l'effet d'u-
ne ignorance peu ordinaire; ensuite s'apperce-
vant de mon embarras, il me dit fort honnê-
tement : *Si le verre refroidi devenoit or, dans
un cas, il le deviendroit dans tous les cas;
car il est de même nature, quand il est dans
sa pureté; la pierre philosophale seroit toute
trouvée.*

Je n'examinerai pas pourquoi M^r. de Buffon assure que *l'étain est le moins vitrescible
de tous les métaux*, quoique l'or, fût-il réel- P. 115.
lement vitrescible, le soit certainement moins
que l'étain. —— Pourquoi des montagnes entieres de fer sont allées se placer de préférence dans les régions du nord, quoique la
force centrifuge, toujours plus grande dans les
grandes masses, eût dû les déposer à l'équateur. —— Pourquoi ces mêmes montagnes de
fer *qui pouvoient supporter une très-violente
chaleur sans se fondre, ont formé dans le
nord des amas métalliques*, qui pour cette P. 116.
raison même auroient pu être formés sous l'é-
quateur sans le moindre inconvénient. ——
Pourquoi M^r. de Buffon distinguant les mi-
nes à gros & petits filons, attribue les premie- P. 107.
res au feu & les secondes à l'eau, quoique
les unes & les autres concourent à former un
seul & même arbre, qu'elles présentent la même composition, la même structure, & qu'il

n'y ait que Lehman & Holbach, qui aient
imaginé cette double origine (a). —— Enfin
je n'entreprends pas de discuter si les mines
ont été primitivement créées dans le sein de
la terre, ou si par le concours de causes se-
cretes & dirigées vers les besoins & le ser-
vice de l'homme, elles se forment successivement dans ce vaste laboratoire où l'œil des observateurs n'a point d'accès (b) &c &c.... Le

---

*Mr. de Buffon écrit toujours d'Olbac, je ne sais pourquoi.

(a) Comme le baron de Holbach * est un fidele disciple de Mr. de Buffon, & qu'il a aussi
eu communication des *Epoques*, avant qu'elles
fussent imprimées, son suffrage est nul dans le
cas présent. Les plus habiles minéralogistes regardent cette diversité d'origine comme une multiplication de causes très-superflue. *Les couches
de mines*, dit Mr. Bertrand, *s'étendent sous terre
comme les rameaux des arbres, ou les veines du
corps humain auxquelles on les compare. Souvent
le tronc de ces ramifications est profondément en-
seveli en terre, delà partent de grosses branches,
auxquelles aboutissent de petites; ces petites branches sont les venules ou les fibres. Dict. univ. des
fossiles, art. Filons.* ===== Mr. de Buffon lui-même convient de la parfaite similitude de ces
deux sortes de mines: *Au pied de ces montagnes
gissent les petits filons que l'on prendroit d'abord
pour les rameaux de ces arbres métalliques, mais
dont l'origine est néanmoins bien différente. P. 107.*
Je demande s'il est raisonnable d'imaginer des
origines différentes, & même absolument opposées (le feu & l'eau) pour expliquer des effets
parfaitement semblables, & qui ne font ensemble qu'un même tout?
(b) *L'origine des métaux*, (dit l'abbé Raynal,
appellé par Mr. de Buffon *un auteur ingénieux
& savant*, p. 493) *partage la physique. Quelques
naturalistes les croient aussi anciens que le monde,*
d'autres

chemin qui me reſte à faire, des occupa-
tions qui fixent mes penſées ſur d'autres objets, m'obligent d'abandonner la diſcuſſion de
ces queſtions diverſes à ceux qui ont plus de
loiſir & de moïens de s'en occuper:

Verùm hæc ipſe equidem ſpatiis excluſus iniquis   I. Æneid.
Prætereo, atque aliis poſt commemoranda relinquo.

---

d'autres penſent avec plus de vraiſemblance qu'ils
ont été formés ſucceſſivement. . . . . . . La nature
dans l'intérieur de la terre, ainſi qu'à ſa ſurface,
eſt dans une action continuelle. Quoique hors d'état
de ſuivre pas à pas ſes opérations, nous n'en ſom-
mes pas moins aſſurés qu'elle recompoſe d'un côté,
ce qu'elle a décompoſé d'un autre. Mille faits plus
frappans les uns que les autres démontrent cette
vérité, & la raiſon vient à l'appui de l'expérience.
L'eau, l'air, le feu alterent à nos yeux tous les
métaux imparfaits. Ces agens qui ſous nos pieds
ont plus de reſſort, doivent produire de plus grands
effets. Hiſt. phil. & pol. tom. 3. p. 63.

TROISIEME EPOQUE

Lorſque les eaux ont couvert nos continens.   P. 132.

NOus voilà arrivés à une Epoque, dont il
eſt impoſſible de conteſter la réalité,
ſans contredire tous les témoignages des anciennes hiſtoires & les preuves invincibles que
préſente la ſimple inſpection de la ſurface
du globe. Oui, les eaux ont couvert nos continens. Mais quand & comment cette inon-

dation

dation générale a-t-elle eu lieu ? A des Chrétiens inftruits des grands événemens décrits dans les Livres faints, à des gens de lettres verfés dans la connoiffance des auteurs les plus anciens & les plus vrais, il eft inutile de rappeller l'idée du déluge; elle fe préfente d'elle-même.

Autrefois M^r. de Buffon ne doutoit pas de la certitude ni de l'univerfalité du déluge. Dans l'*Hiftoire naturelle* (t. 1. p. 202) il en parle fur le ton de la plus intime conviction; il s'offenfe même de ce qu'un événement, attefté par des preuves fi refpectables, a été en quelque forte défiguré par des explications fyftématiques. Mais, lorfque l'illuftre naturalifte a écrit les *Epoques*, les chofes avoient pris une face très-différente. *Cette grande révolution, ce terrible événement* (H. nat. t. 1. p. 202.), qui *n'a pu être opéré que par la volonté de Dieu* (p. 199), que nous apprenons par *le récit de l'hiftorien facré, fimple & vrai* (p. 203), s'eft réduit à une inondation de l'Arménie, *arrivée par quelque caufe particuliere & paffagère, dont la tradition s'eft confervée chez les Egyptiens & les Hébreux* (Epoq. p. 291). Voilà comme M^r. de Buffon parle aujourd'hui de cet *événement* autrefois fi *terrible*, que les Livres faints nous repréfentent comme une deftruction du globe entier, dont les hiftoriens profanes de toutes les nations nous ont confervé le fouvenir (a).

_____

(a) Bérofe le Chaldéen nous parle de l'arche qui s'arrêta vers la fin du déluge fur une montagne

que Newton, Whifton, Woodwart, Scheuchzer, &c, les hommes les plus juftement célebres comme les plus éclairés, ont regardé
comme l'époque la plus frappante & la plus
inconteftable de la terre depuis fa création.

Ne nous arrêtons pas aux raifons de ces
changemens

---

tagne d'Arménie. Nicolas de Damas, dans le
96e. livre de fes hiftoires, dit qu'au tems du
déluge, il y eut un homme qui, arrivant avec
une arche ou un vaiffeau fur une haute montagne d'Arménie, échappa à ce fléau univerfel,
& que les reftes de cette arche fe font long-
tems confervés fur cette montagne. Abydene,
auteur d'une hiftoire des Chaldéens & des Affy-
riens, donne de ce déluge quantité de dé-
tails femblables à ceux qu'en donne Moyfe.
Qu'on life le traité de Lucien fur la déeffe fy-
rienne, on y trouvera toutes les circonftances
de ce terrible événement auffi clairement & auffi
énergiquement expofées que dans le livre de la
Genéfe, ce qui ne peut être que l'effet de la tradition générale établie alors chez les Orientaux.
On verra les mêmes chofes dans le 1er. livre des
métamorphofes d'Ovide. Varron parle du tems
qui s'écoula depuis Adam jufqu'au déluge, *ab
hominum principio ad cataclifmum.* Les Chinois
difent qu'un certain Puen-Ouus échappa feul
avec fa famille du déluge univerfel. Jean de Laët
& Lefcarbot rapportent la tradition conftante
du déluge parmi les Indiens de l'Amérique. Boulanger convient que la plupart des ufages de
l'antiquité font autant de monumens de la révolution arrivée fur notre globe par le déluge. ...
Les divers déluges, dont les hiftoriens & les my-
thologiftes ont fait mention, ne font dans le fait
que celui de Noé, défiguré par des traits qui
n'empêchent pas qu'on ne le reconnoiffe très-
diftinctement; comme on peut voir dans la favante differtation que Mr. Walch a publiée fur
ce fujet.   G 3

changemens ſi étonnans & ſi multipliés dans
la maniere de penſer de l'illuſtre naturaliſte ;
mais avant d'examiner le ſyſtême qu'il a imaginé pour remplacer le déluge, fixons un moment les yeux ſur *cette grande révolution*.

Il y a eu des écrivains qui ont cru voir
dans l'algebre qu'il n'y avoit pas aſſez d'eau
dans la nature pour couvrir la ſurface du
globe ; \mais des calculateurs plus exacts ont
réfuté cet argument géométrique de maniere à
maintenir dans toute ſon étendue l'univerſa-
lité du déluge ; & depuis que M^r. de Buffon
a fait venir directement du ſoleil aſſez d'eau
pour couvrir les plus hautes montagnes durant
20 ou 30 mille ans, il eſt aiſé de voir qu'il
ſe trouvoit dans les comptes de ces algébriſtes
un défaut énorme. Ce qui affoiblit un peu le
mérite de la découverte de M^r. de Buffon,
c'eſt qu'en 1744, quand il écrivoit *la Théorie
de la terre*, il étoit bien convaincu qu'il ne
la feroit jamais, & qu'il proteſtoit hautement
de l'impoſſibilité abſolue de trouver une telle
maſſe d'eau dans la nature. Il falloit *un miracle* (p. 200), & ſans doute M^r. de Buffon
n'eſpéroit pas d'en voir opérer un de cette
eſpece.

Mais quels ont été les effets de ce *terrible
événement* ? Laiſſons le ſavant naturaliſte prouver à ſon aiſe que le déluge n'a rien changé
ſur la terre, puiſqu'après la retraite des eaux
il s'eſt trouvé un olivier verd (a). Laiſſons-

(a) J'ai répondu à cette objection & à quelques autres dans le *Catéch. philoſ.* p. 310. préc.
& ſuiv. édit. de 1777.

le calmer par des moïens qui lui font connus
fans doute un peu mieux qu'à M^r. Fran-
klin (a), la fureur d'un océan univerfel, agité
par tous les refforts des tempêtes, & toute la
colere d'un Dieu ; pour nous, contentons-
nous de croire, d'après les affurances les plus
pofitives & les plus multipliées des auteurs
faints, que la furface de la terre a été tellement altérée & dénaturée par cette mémorable
cataftrophe, qu'on doit la confidérer comme
une terre nouvelle (b) ; que l'ancienne terre
a ceffé en quelque façon d'être, fuivant la
parole de Dieu même ; qu'après fa réformation
elle a préfenté une face tout-à-fait différente
de la premiere ; que dans fon fein & dans fes

(a) On fait que ce favant appaife les tempêtes
avec de l'huile. Voyez une differtation fur ce
fujet, avec ma réponfe à Mr. Lelyveld, imprimée
à Luxembourg. 1777.

(b) Toutes les fois qu'il s'agit du déluge dans
la Genefe & les autres Livres faints, il eft parlé
de cet événement comme d'une époque où la
terre a fubi une révolution étonnante. Dieu dit
lui-même qu'il détruira non-feulement les hommes, mais auffi la terre (*Difperdam eos cum
terrâ.* Gen. 6) ; que fa malédiction s'eft étendue
jufques fur le corps même du globe (*Nequà-
quam ultrà maledicam terræ propter hominem.* Gen.
8) ; que le déluge a détruit la terre (*Neque erit
deinceps diluvium diffipans terram.* Gen. 9.)
St. Pierre nous repréfente la premiere terre comme
auffi différente de ce qu'elle a été après le déluge,
que la terre dévaftée & réformée par le feu fera
différente de ce qu'elle eft à préfent. Voyez la
feconde épître de cet Apôtre, chap: 3e. *Ilie tunc
mundus. . . . cæli qui nunc funt & terra,* &c.

dehors il s'eſt fait des révolutions aſſorties aux vues d'une Providence auſſi féconde dans ſes moïens, qu'invariable dans ſes éternels décrets (a). Voilà ce que nous apprennent des hiſtoriens choiſis par Dieu même, & qui n'ont fait aucun ſyſtême ; je dis plus, voilà ce que nous perſuade le récit *ſimple & vrai* de Moiſe. Le choc de tant de mers, qui *alloient & venoient*, ſuivant l'expreſſion de l'Ecriture (b), avec une impétuoſité & une violence inconcevable, & cela l'eſpace d'une année entiere, a dû détruire & produire des choſes ſans fin & ſans nombre. Voïons ſeulement l'effet d'une grande marée, de celle, par exemple, qui en 860

(a) Cette réformation de la terre, ſi ſouvent, ſi clairement énoncée dans l'Ecriture, eſt d'ailleurs abſolument conforme à l'idée que les ſavans de toutes les nations chrétiennes ont eue des cauſes finales du déluge. *Une des fins du déluge*, dit un Proteſtant anglois, le celebre Woodward, *étoit de punir les hommes comme ils le méritoient ; cependant ce n'étoit pas l'unique fin de cet événement : c'eſt principalement à la deſtruction de la terre qu'il devoit ſervir, pour détruire & changer l'état où elle ſe trouvoit pour-lors, & qui, ſelon les apparences, étoit diſpoſée d'une maniere convenable à l'état d'innocence : & afin de la façonner de nouveau, & de lui donner une diſpoſition plus convenable à la fragilité préſente de ſes habitans.* Eſſai ſur l'Hiſt. nat. de la terre, p. 65. Ce ſavant homme développe enſuite cette aſſertion générale, & la préſente dans un détail dont il eſt impoſſible de ne pas reconnoître les convenances & la juſteſſe.

(b) *Reverſaque ſunt aquæ de terrâ, euntes & redeuntes.* Gen. 8.

transporta le Rhin dans le lit de la Meufe,
& réforma toute la furface de la Hollande....
Eh ! qu'eft-ce qu'une marée contre toute la
maffe de l'océan , pouffé tout-à-coup hors
de l'abyme qui lui fervoit de lit, groffi de
tout ce qu'il y a d'eau dans l'air & dans la
terre , & répandu fur le globe entier avec
toute la violence que la main de Dieu peut
imprimer au plus fougueux élément ?... Non,
je n'héfite pas un moment à croire que ,
quels que foient les ouvrages que M^r. de Buffon attribue à la mer , ils ont dû s'achever
plus aifément dans l'efpace d'un an par une
révolution telle que celle du déluge, que par
cent fiecles d'un océan univerfel, & conféquemment pacifique (a).

Mais en reconnoiffant en général les grands
effets du déluge , n'aïons pas la préfomption
de vouloir expliquer en détail, & felon le
plan de nos idées, le réfultat du défordre &
de la confufion la plus incompréhenfible.
„ Il n'eft pas poffible , dit un favant acadé-
„ micien, de dire tout ce qui a dû arriver
„ en conféquence des loix de l'hydraulique,
„ tant à caufe de l'action compliquée des
„ fluides , que de la diverfité de réaction

(a) La furface des grandes mers eft rarement
agitée, le fond ne l'eft jamais. Dans les mers
même qui ont peu d'étendue , & où les tempêtes font fréquentes & terribles , tout eft calme
à une certaine profondeur; comme je le ferai
voir en parlant du tranfport des coquillages &
de la formation des couches.

„ des solides résistans (a) ..... Prétendre
„ (dit M^r. de Buffon , dont l'autorité m'est
„ toujours précieuse quand je puis m'en cou-
„ vrir) expliquer le déluge universel , vou-
„ loir nous apprendre le détail de ce qui s'est
„ passé dans le tems de cette grande révolu-
„ tion, deviner quels en ont été les effets,
„ ajouter des faits à ceux du Livre sacré,
„ tirer des conséquences de ces faits, n'est-ce
„ pas vouloir mesurer la puissance du Très-
„ Haut ? Les merveilles que sa main bien-
„ faisante opere dans la nature d'une maniere
„ uniforme & réguliere, sont incompréhensi-
„ bles, à plus forte raison les coups d'éclat
„ doivent nous tenir dans le saisissement &
„ dans le silence „.

Hist. nat.
t. 1. p. 202.

En effet , combien de ravages arrivés sous
nos yeux par des causes connues , sont absolument inexplicables quant à la maniere dont
ils ont pu s'opérer ! —— Jamais on ne de-
vineroit le principe qui les a produits, si la
nature n'avoit, pour ainsi dire, été prise sur
le fait. J'en prends pour exemple un simple
tourbillon, ou courant d'air. C'est M^r. de
Buffon lui-même qui le rapporte d'après un
célebre cardinal. "J'ai vu, dit Bellarmin, je
„ ne le croirois pas si je ne l'eusse pas vu, une
„ fosse énorme creusée par le vent, & toute la
„ terre de cette fosse emportée sur un village; en

Hist. nat.
t. 1. p. 490.

(a) *Supplément au Mémoire sur la forme exté-*
rieure de la terre, par Mr. R. de Limbourg , inséré
dans les Mém. de l'académie de Bruxelles, t, 1.
p. 227.

„ forte que l'endroit dont la terre avoit été
„ enlevée, paroiſſoit un trou épouvantable
„ & que le village fut entierement enterré
„ par cette terre tranſportée „, ... Je ſuppoſe

Bellarm.
*De aſcenſu
mentis in
Deum.*

un moment que ni Bellarmin, ni aucun autre ait été témoin de cet événement; & qu'on
ait aſſemblé quelques académiciens pour expliquer les cauſes & la maniere dont s'eſt
formée cette montagne d'un côté & cet abyme de l'autre. Perſonne certainement ne ſon-
gera au vent. Les uns ſuppoferont un tremblement de terre; les autres, une exploſion
opérée par des matieres pyriteuſes; d'autres,
qui ne ſauront point que la même cauſe a creuſé
l'abyme & formé la colline, ſuppoferont l'é-
croulement de quelque montagne, telle que
celle qui en 1618 couvrit la ville de Pleurs,
&c. Et quand on ſaura que c'eſt l'opération
du vent, que de difficultés n'y aura-t-il pas
à réſoudre? L'air peut-il donc tranſporter des
montagnes? peut-il creuſer des abymes? d'où
peut-il avoir reçu une impulſion ſi terrible?
qui peut l'avoir réfléchi & repouſſé avec tant
de force dans une caverne qu'il avoit créée
lui-même & dont il enlevoit les décombres?
Son action ne devoit-elle pas s'amortir & ſe
perdre dans la nue épaiſſe & immenſe de
terre mobile, qu'elle venoit de former dans
un ſol ſolide & raffermi?

Après cela devons-nous être ſurpris ſi des
phyſiciens du premier nom, un Woodward,
un Scheuchzer, un Burnet, un Newton,
ont échoué dans la totalité des explications
qu'ils nous ont données des ravages du déluge?

luge ? Si les effets d'un fimple coup de vent déconcertent toutes les théories de méchanique, qui pourra fuivre les traces que la vengeance de Dieu a laiffées fur la terre, en la livrant dans fon courroux aux caprices d'un élément fi mobile & fi terrible ? N'eft-ce pas bien le cas de dire avec le Prophete, que les opérations de Dieu dans la vafte étendue d'une mer générale font femblables à la courfe d'un navire fur l'océan, que *la multitude des eaux par lefquelles il a dirigé fes pas, ne nous permet pas de déterminer la route qu'il a tenue ?* (a)

Cependant fi dans le réfultat général des explications que ces hommes vraiment éclairés nous ont données des effets du déluge, il y a de la foibleffe & de l'inconféquence, il faut convenir que la plupart de leurs obfervations conftatent admirablement la certitude de *cette grande révolution.*

La fimple infpection du défordre qui regne dans la difpofition des couches, & le mélange des productions marines répandues fur la furface du globe eft, fuivant Geffner, homme particulierement verfé dans l'étude des foffiles, un argument démonftratif du déluge. Jamais la mer de M^r. de Buffon n'a pu imiter ce mélange & cet étonnant enfemble (b).

(a) *In mari via tua, & femitæ tuæ in aquis multis, & veftigia tua non cognofcentur.* Pfal. 76.

(b) *Ea varietas, ea inclinatio ftratorum, tanta lapidum foffilium differentia, non conveniunt cum concretionibus*

—— Que dire de cette multitude de productions étrangeres qu'on trouve dans des climats & des païs qui ne les comportent pas?
Fontenelle regardoit cette observation comme
une preuve certaine du déluge, & Mr. de Buffon la rapporte comme telle (Hist. nat. t. 1,
p. 306). —— Scheuchzer, surnommé le *Pline
de la Suisse*, qui a passé sa vie à examiner & à
observer sur les lieux ce que Mr. de Buffon n'a
vu que de l'intérieur de son cabinet, ne croit
pas qu'il soit possible de promener ses regards
sur les montagnes & les vallons de la Suisse,
sans être intimement convaincu de la réalité
& des effets subsistans du déluge. " Il y a,
„ dit-il, des hommes tellement aveuglés par
„ le préjugé, qu'ils ne voient rien en plein
„ jour, & qu'ils ne daignent point regarder
„ les monumens qu'ils foulent des pieds, sur
„ lesquels leur réfutation est écrite, je veux

---

concretionibus quæ maris fundum exhibere solet, &c.
&c. De petrificatis, part. 2, c. 26. ——A ce désordre
observé dans les couches & dans les productions marines, il faut ajouter celui qui résulte du mélange
des végétaux & des quadrupedes qui se trouvent
confondus avec des coquillages de toute espece à
des profondeurs très-considérables. Mélange qui
forme une réfutation de fait de tout autre systême que de celui d'une révolution subite &
destructive. —— Il est vrai que dans quelques
endroits on croit appercevoir une espece d'ordre, & un ensemble de coquillages homogenes,
incompatibles avec le chaos du déluge. C'est la
grande objection de Mr. de Buffon. Nous aurons occasion de la discuter dans toute l'étendue que la chose exige.

„ dire les débris du déluge. Plus malheureux
„ que les Juifs & les Idolâtres qui ont connu
„ la certitude de cet événement, leur fubti-
„ lité & leurs fophifmes leur tiennent lieu
„ de raifon, & c'eft un triomphe pour eux
„ que de facrifier les faits à leurs vétilleufes
„ opinions „. (Phyf. fac. p. 48, édit. lat.
d'Augsbourg, 1731). —— M^r. Pallas, grand
admirateur & imitateur de M^r. de Buffon,
bien décidé, à ce qu'il nous apprend lui-
même, à ne reconnoître jamais les effets du
déluge, a changé entierement de fentiment,
quand il a examiné l'état de la furface de
la terre en Sibérie. " Jamais, dit-il, je n'ai
„ pu me perfuader le déluge; jamais je n'ai
„ regardé comme vraifemblable ce qu'on nous
„ raconte de cette terrible cataftrophe, juf-
„ qu'au moment où j'ai parcouru les mon-
„ tagnes de la Sibérie, & vu dans ces plages
„ tout ce qui peut y fervir de preuves à cet
„ événement mémorable „. Après cela, M^r.
Pallas donne le détail des preuves les plus
propres à fubjuguer l'incrédulité la plus revê-
che. Sur les montagnes fituées entre les
fleuves Indighirka & Koylma, on trouve
plufieurs carcaffes entieres d'élephans & d'autres animaux encore revêtus de leurs peaux,
& confervés de la forte dans ces frimats glacés.
Il a vu lui-même un rhinoceros dans cet état;
la peau, les tendons, les ligamens, les car-
tilages fubfiftoient encore. C'étoit fur les bords
glacés du Viloûi, qui par conféquent n'étoient

des Epoques de la nature. III

pas alors plus chauds qu'aujourd'hui (a). ——
Que peut-on ajouter à l'évidence de telles
obfervations faites par un homme entierement
fubjugué par M^r. de Buffon ? Les fquelettes
d'hommes que Scheuchzer (b) & Guettard
(c) ont trouvés dans l'intérieur des pierres
& des rocs, ne font pas une preuve plus vic-
torieufe

(a) *Obfervations fur la formation des monta-*
gnes & les changemens arrivés au globe ; pour fer-
vir à l'Hiftoire naturelle de Mr. le comte de Buffon ;
par P. S. *Pallas* ; à Paris, chez Segaud, 1779. On
voit, par ce titre même, combien le Voyageur
ruffe eft dévoué aux fyftêmes de Mr. de Buffon ;
mais la vérité ne perd jamais entierement fes
droits fur des efprits qui confervent de la fin-
cérité & de la droiture.
(b) Voyez entr'autres un fquelette humain
trouvé dans des carrieres du diocefe de Conftance,
t. 1, p. 49 de l'édit. que je viens de citer : &
divers offemens de quadrupedes, pages 50 &
fuivantes.
(c) Jean-Etienne Guettard, de l'académie des
fciences, obfervateur éclairé, exact, impartial,
a examiné des fquelettes d'hommes, trouvés en
1760 dans une maffe de pierre continue & non
feuilletée, auprès de la ville d'Aix en Provence.
Il n'a point douté que ce ne fuffent des fquelettes d'hommes. *C'étoit des offemens de toutes*
les parties du corps, des machoires, des dens, des
os du bras, des côtes, des rotules, &c. Que répond à cela Mr. de Buffon ? *On peut douter.*
(Epoq. tom. 1, p. 201). Effectivement, puifque,
durant le déluge de Mr. de Buffon, il n'y avoit
pas d'hommes, il faut bien *douter* : .... Les naturaliftes de toutes les nations prennent des
peines infinies, effuient des fatigues fans nombre pour vérifier les faits ; Mr. de Buffon, qui
ne quitte pas fon cabinet, juge qu'*on peut douter ;*
qui feroit après cela affez deraifonnable pour ne
douter pas ?

torieuſe du déluge, que ces quadrupedes engelés.
———Enfin Mr. Bailly, lui qui, par attachement
aux ſyſtêmes de Mr. de Buffon, a obſervé
le *bouillonnement de Jupiter*, & prouvé le
refroidiſſement du globe par les hiſtoires les
plus agréables de la mythologie, ne peut s'empêcher de parler de *l'aſtronomie antediluvienne*,
& *des patriarches qui vivoient ſur la terre avant
la deſtruction horrible du genre humain*, &c.

Hiſt. de
l'aſtron. an-
cienne, p.
61.

Après cela, peut-on douter encore de l'impreſſion violente & tyrannique de l'eſprit de
ſyſtême qui réuſſit à offuſquer ſi étrangement
le génie & à lui rendre odieuſe une vérité
palpable, pour le cajoler par les phantômes
d'une imagination romaneſque & folatre? Au
lieu de s'en tenir au récit *ſimple & vrai de
l'hiſtorien ſacré**, de *l'interprête de Dieu***,
au lieu de reconnoître un fait unique qui
explique tout, on va chercher des océans de
30 mille ans; une maſſe énorme d'eau ſortie
du ſoleil; des molécules créatrices & toutes-
puiſſantes; une immenſe quantité de végétaux
produits ſur une maſſe de verre pur inalléra-
ble, ſans aucune eſpece de germe; des refroi-
diſſemens démentis par les faits les plus ſenſibles, &c. &c; merveilles que je ne tarderai
pas à examiner. En attendant, je ne puis que
m'en tenir à cette aſſertion de l'Eſprit ſaint,
qu'il n'eſt point de preuve plus frappante
d'aveuglement, que *l'impuiſſance de s'élever
juſqu'à Dieu par le grand ſpectacle des débris
du déluge* (a).   Ne

* Hiſt. na-
tur. t. 1, p.
203.
** Epoq.
p. 49.

(a) *Verumtamen in diluvio aquarum multarum
ad eum non approximabunt*. Pſal. 31.

Ne nous contentons pas de juger l'oppofition que M^r. de Buffon forme à la
croïance du déluge univerfel, fur les preuves
inconteftables de cet. événement, devenu en
quelque forte le dogme du genre humain &
la grande époque de toutes les hiftoires des
nations. Examinons un moment la nature &
les probabilités du fyftême qu'il lui fubftitue.
Il eft vrai que ce fyftême eft purement arbi-
traire, contredit par toutes les hiftoires, par
toutes les traditions humaines; mais ifolons-le
pour un moment, faifons taire tous les témoignages qui l'anéantiffent, pour l'apprécier
en lui-même.

A la date de trente ou trente-cinq mille
ans de la formation des planétes, la terre **P. 132.**
fe trouvoit affez attiédie pour recevoir les
eaux fans les rejetter en vapeurs. Le chaos
de l'athmofphere avoit commencé de fe dé-
brouiller : non-feulement les eaux, mais tou-
tes les matieres volatiles que la trop grande
chaleur y tenoit reléguées & fufpendues, tom-
berent fucceffivement ; elles remplirent toutes
les profondeurs, couvrirent toutes les plaines,
tous les intervalles qui fe trouvoient entre
les éminences de la furface du globe, & mê-
me elles furmonterent toutes celles qui n'é-
toient pas exceffivement élevées. Combien de
fuppofitions ruineufes dans ce peu de lignes!

H

La *formation des planétes* par une éclabouſ-
fure du ſoleil ! Nous avons vu ce qu'il en falloit penſer. ⸻ La *terre attiédie*, quoiqu'elle
n'ait jamais été fondue, ni brûlante, comme
nous l'avons démontré, & qu'elle ne ſe re-
froidiſſe pas, comme nous le ferons voir encore plus clairement. ⸻ *Des eaux* qui *tombent ſucceſſivement*, qui couvrent *les plaines
& les éminences du globe*, quoique ſans *un
miracle* bien certain il ne puiſſe y avoir aſſez
d'eau pour cela dans toute la nature. ⸻
Enfin des eaux qui ſe trouvent autour du
globe, ſans qu'on puiſſe deviner en aucune
façon d'où elles ſont venues. Déja la date de
leur arrivée ſur la terre eſt bien incertaine,
puiſque Mʳ. de Buffon, quoique maître ab-
ſolu de ſa chronologie, les fait venir tantôt
l'an 25000 (p. 104) & tantôt l'an 35000
(p. 132); mais la grande difficulté eſt de
ſavoir l'origine de ce volume immenſe d'eau
qui eſt reſté ſi long-tems *relégué & ſuſpendu*.
Qui pourra s'imaginer que dans le corps du
ſoleil, dans ce feu dévorant & vitrifiant tout
ce qui en approche, même à des diſtances de
Ci-deſſus 33200 lieues, il ſe trouve une telle quantité
P. 12. de vapeurs aqueuſes ! Car voici de quoi occuper des calculateurs vigoureux. Les planétes ne font que la 650ᵉ. partie du ſoleil;
l'eau ſortie du ſoleil avec les planétes ne fait
par conſéquent que la 650ᵉ. partie de l'eau
ſolaire; qu'on évalue maintenant l'eau des
mers, des rivieres, des lacs, des nuées &c,
appartenans aux autres planétes, proportionnel-
lement

lement à leur grandeur, fur la quantité d'eau échue à la terre; & qu'on multiplie cette maſſe énorme d'eau par le nombre 650, on ſaura combien d'eau il y a dans la ſubſtance du ſoleil..... A-peu-près autant que de flui-de ignée..... Qu'on faſſe maintenant l'expé-rience d'unir une moitié d'eau & une moitié de verre fondu dans une ſeule & même maſ-ſe, on aura le ſoleil de M^r. de Buffon.

Mais je me trompe peut-être; ce n'eſt pas dans le ſoleil même, c'eſt autour de lui & dans ſon athmoſphere que s'eſt trouvé le vo-lume d'eau qui a ſuivi la terre (c'eſt ce que M^r. de Buffon ſemble inſinuer quelque part). Voilà ce qui eſt plus incompréhenſible en-core. Toute athmoſphere, toute évaporation eſt compoſée de la même matiere que le corps même dont elle émane. Qu'on juge donc de la maſſe d'eau contenue dans le ſo-leil, par celle qui ſe trouve dans ſon athmoſ-phere, & ſi (comme je viens de le prouver) celle-ci paroit égaler à-peu-près la moitié du ſoleil, quelle quantité n'y en aura-t-il pas dans le ſoleil même?... Mais en vérité on ſe laſſe à ſuivre des conſéquences de cette nature; on s'afflige de ſonder les ténebres où s'enfonce un homme fait pour inſtruire & pour éclairer les autres.

C'eſt la raiſon pour laquelle je n'examine-rai pas un très-grand nombre d'impoſſibilités & d'incompatibilités que préſente cette dernie-re origine des eaux; je ne demanderai pas pourquoi l'athmoſphere ſolaire qui n'avoit

reçu aucun coup oblique, a quitté cet astre,
dont l'attraction, respectivement à celle de la
terre, étoit comme 1,000,000 à 1 ; pourquoi
ces eaux solaires se sont attachées à la terre
qui n'en vouloit pas, qui les a repoussées durant 25000 ou 35000 ans, & ne les a enfin
reçues qu'avec un fracas épouvantable &c ; je
ne demanderai pas d'où est venu l'air, dont le
volume est peut-être cent millions de fois plus
grand que celui de la terre ; s'il est également
sorti du corps ou de l'athmosphere du soleil ;
s'il s'amalgame également avec le fluide ignée,
avec le verre fondu &c. &c. J'abandonne toutes ces questions, pour contempler les merveil-
leuses opérations des eaux mises enfin en possession du globe qui les avoit si long-tems
combattues.

P. 20. *Les sables & graviers calcaires, la pierre*
de taille, le moëllon, les marbres, les albâ-
tres, les spaths calcaires; opaques & trans-
parens, toutes les matieres en un mot, qui
se convertissent en chaux, ont été formées
dans l'eau; toutes sont entierement composées
de madrepores ; de coquilles & de détrimens
des dépouilles de ces animaux aquatiques qui
seuls savent convertir le liquide en solide &
transformer l'eau de la mer en pierre. Quel
grouppe de merveilles ! quelle étonnante fécondité des eaux ! C'est dommage qu'avec
l'enthousiasme que produisent naturellement
de si belles découvertes, on ne perde pas entierement les impressions d'une importune &
trop fidele mémoire. On peut dire que dans

les fyftêmes la mémoire eft un vrai gâte-tout.

Toutes les matieres qui fe convertiffent en chaux, ont été formées dans l'eau. M^r. de Buffon oublie que le monde en fufion, le monde dont il fuppute le refroidiffement gradué depuis fon origine, étoit rempli de matieres calcaires; nous avons vu (ci-deffus p. 86) que c'étoit le fondement de fes plus brillans calculs. —— *Toutes font compofées de madrepores, de coquilles &c.* (a). De grace, quelles efpeces de coquilles ont produit le marbre noir, parfaitement noir, tel que celui de Dinant * (b)? Les coquilles triturées font prefque toujours blanches; mais quelque couleur qu'elles aient, elles ne font jamais parfaitement noires. . . . De quelle efpece de coquilles font compofés les marbres abfolument rouges, verds, bleus &c? . . . . Quel rapport ont avec les coquillages des veines fingulierement variées dans leurs couleurs, leur direction, leur diamétre, dont les finuofités infiniment bizarres embraffent des maffes énormes & de la

P. 90.

*Ville du pays de Liège.

———

(a) Mr. de Buffon a appris cette origine générale & exclufive de *toutes* les matieres calcaires, d'un Anglois nommé Wright; mais eft-ce à un homme tel que Mr. de Buffon, à fe charger de commenter les rêves d'autrui, lui qui en fait de fi longs & de fi beaux!

(b) Je cite celui-là de préférence, parce que je me fuis affuré qu'il étoit calcaire, & ne pouvoit être confondu avec la pierre de touche. . . . . Outre qu'il eft parfaitement noir, on n'y apperçoit aucune trace de coquillage.

H 3

plus grande étendue ?..... Il eſt bien vrai
que les marbres & autres pierres calcaires ,
contiennent ſouvent une prodigieuſe quantité
de coquillages ; mais les argilles en contiennent , ſuivant M^r. de Buffon , une quantité
égale (a) , & ne ſont cependant pas le réſultat des coquilles. —— *Les animaux à coquil-*
les ſavent ſeuls convertir le liquide en ſolide.
Je ſuis bien ſûr que l'eau ne ſe change jamais en coquille , en végétal , en minéral ,
ni en quoi que ce ſoit. J'ai pour aſſociés dans
cette maniere de penſer tout ce qu'il y a de
vrais phyſiciens (b) ; mais je me glorifie ſur-
tout

(a) *Nous trouvons dans ces mêmes argilles une*
INFINITE *de belemnites , de pierres lenticulaires , de*
cornes d'ammon &c. . . . Ces anciennes dépouilles
étoient enfouies dans l'argille. Epoq. p. 149. ——
Peut-on voir une terre , une pierre , plus remplie de coquilles de tous les genres , que les carrieres de Maſtricht ? Cependant rien n'eſt moins
calcaire , moins propre à *ſe convertir en chaux.*

(b) *L'eau* , dit Mr. Macquer , *paroît une ſub-*
ſtance inaltérable & indeſtructible , qu'on la faſſe
entrer dans telle combinaiſon que l'on voudra ;
qu'on la retire enſuite , on la retrouvera toujours
telle qu'elle étoit auparavant , en la purifiant ſuffi-
ſamment. Qu'on la diſtille ſeule ou avec un inter-
mede , elle reſtera toujours de la même nature ;
aucune de ſes propriétés eſſencielles n'en recevra
le moindre changement. Dict. de Chymie , art. *Eau.*
Ce grand chymiſte réfute enſuite les fauſſes conſéquences déduites des expériences de Margraf &
de Vanhelmont , & conclut que *l'eau eſt un corps*
ſimple & inaltérable , que *les chymiſtes n'ayant au-*
cun moyen de la décompoſer , peuvent la conſidérer
comme

tout du suffrage de M^r. de Buffon, qui dans la même page (qui le croiroit ?) nous dit en termes exprès : *L'eau de la mer tient en dissolution des particules de terre qui, combinées avec la matiere animale, concourent à former les coquilles.* Il ne s'agit plus, comme on voit, *de convertir le liquide en solide*, c'est *le solide (des particules de terre)* qui se change en un autre *solide*..... Encore un moment de réflexion.

Toutes les matieres qui se convertissent en chaux, ont été formées dans l'eau. Rien de plus calcaire que les œufs, les offemens des

---

comme telle ; aussi la mettent-ils tous au nombre des élémens, ou principes primitifs. ===== *L'eau pure*, dit Mr. l'abbé Para, *paroit être un assemblage de particules homogenes, indissolubles, inflexibles.* Théorie des êtres sensibles. T. 2, p. 252. ===== On trouvera les mêmes observations dans le *Dictionnaire des fossiles* de Mr. Bertrand, art. *Terreau*, où ce savant auteur confirme cette doctrine par une expérience démonstrative. Il n'y a que des empiriques ou des alchymistes qui puissent croire à la transmutation de l'eau en terre. ——— Je ne m'arrêterai pas à réfuter la vieille imagination du décroissement insensible de la mer, démenti par le fait & la comparaison de la géographie ancienne avec la moderne. Des villes placées, il y a trois mille ans, sur le rivage de la mer, le sont encore aujourd'hui; Marseille, Cadix, Ostie, Smyrne, Tyr, Sidon, Alexandrie, Bizance &c, sont toujours des ports. Il est de fait que par des causes locales un rivage s'affaise, un autre s'éleve ; & c'est la raison pourquoi Ravenne, Damiette, Aigues-Mortes &c, ne touchent plus à la mer; mais cet élément fait bien faire payer sa retraite à d'autres rivages.

hommes & des quadrupedes, les cornes de cerfs, d'élans, de chevreuils &c. Tout cela a donc *été formé dans l'eau?* .... Avant la formation des calcaires, il n'y avoit d'autre matiere, que le verre pur, le verre primitif; or le verre, mais fur-tout le verre pur, ne fouffre aucune altération ni par l'eau, ni par l'air, ni par le feu le plus violent; nous avons vu que c'étoit l'obfervation des chymiftes les plus inftruits; comment donc le verre pur a-t-il pu devenir calcaire? .... *Les particules de terre tenues en diffolution*, ou étoient calcaires, ou vitrifiables. Si elles étoient calcaires, la mer & les animaux à coquilles n'avoient plus rien à faire pour les rendre telles. Si elles étoient vitrifiables, qu'on nous apprenne comment l'eau peut dénaturer à ce point une fubftance dont la nature eft de ne fe dénaturer jamais? ——— *Les particules de terre tenues en diffolution combinées avec la matiere animale, concourent à former les coquilles.* Ou cette *matiere animale* étoit calcaire, ou elle étoit vitrifiable (il n'en exiftoit pas d'autre alors, p. 201). Si elle étoit calcaire, il eft inutile de fuppofer aucun *concours* pour produire des *calcaires*, c'eft-à-dire, des *coquilles*, principe général de tous les calcaires. Si elle étoit vitrifiable, qu'on nous dife comment deux vitrifiables, favoir les *particules de terre en diffolution*, & la *matiere animale* ont pu produire des calcaires. ———
Comme la foie eft le produit du parenchyme des feuilles combiné avec la matiere animale du vers à foie. Quoi! des *vers à foie*, du

parenchyme , des feuilles , doivent expliquer les productions d'un âge où tout étoit verre pur, inaltérable, incommiscible , infusible , apyre &c ? Il faut avouer que la comparaison n'est pas parfaite. Si M^r. de Buffon avoit dit que les animaux à coquilles rassembloient la matiere calcaire *tenue en dissolution* dans l'eau, & en formoient des coquilles, comme les abeil- les font des raïons de la cire qu'elles amassent sur les fleurs , cela pouvoit être exact (a) ; mais hélas ! il eût fallu convenir que la matiere calcaire existoit déja, & dès-lors que devenoit le plus bel ouvrage de la *troisieme Epoque* ?

On fera peut-être surpris du peu de curio- sité que je témoigne de connoître l'origine de ces *animaux à coquilles*, nés tout-à-coup dans l'eau pure répandue sur une masse de verre également pur & éternellement inaltérable. Mais ignore-t-on la toute-puissance des *molé- cules organiques , actives , indestructibles* qui ont vécu dans le soleil & qui mourront dans le froid ? . . . . Je n'ai garde de les troubler dans leurs utiles opérations, il n'en est pas encore le tems; je ne m'occupe que des moïens de

---

(a) C'est la vraie raison de la nature calcaire observée dans les coquillages ; tout comme le corps de l'homme & des animaux est de la nature de la terre végétale , parce que c'est cette es- pece de substance terrestre que ces êtres s'unis- sent & s'incorporent preferablement aux autres matieres qui ne leur conviennent pas. Je don- nerai à cette assertion tout le développement qu'elle demande, lorsque je parlerai de la terre végétale.

conferver leurs ouvrages. Lors de la naiffance des animaux à coquilles, *la mer,*
P. 134. dit Mr. de Buffon, *étoit encore bouillante.*
Comment donc ces animaux primitifs ont-ils
pu vivre ? Il eft vrai que j'ai vu des poiffons dans des eaux très-chaudes (a) , mais
dans des eaux *bouillantes* ces mêmes poiffons
étoient cuits & parfaitement morts, tout comme les poiffons qui n'ont jamais habité que
des eaux froides. Ainfi l'exemple de ces poiffons ne prouve rien en faveur des poiffons de
la mer *encore bouillante.* Le favant naturalifte
dont le génie compenfe la mémoire, le fait
très-bien lui-même. Dans le *Suppl. à l'Hift.
nat. t.* 4. *p.* 91 , il dit en termes exprès : *Il
eft évident qu'aucun être vivant ou organifé
n'a pu exifter & encore moins fubfifter dans
un monde où la chaleur étoit encore fi grande, qu'on ne pouvoit, fans fe brûler, en toucher la furface.* Or la terre, dont la chaleur
rendoit l'eau *bouillante,* étoit plus chaude encore, fuivant l'arabique & très-incontestable
axiome, *propter quod unumquodque eft tale,
& illud magis.* On *s'y brûloit* donc plus encore que dans l'eau *bouillante.* Et par conféquent *aucun être vivant ou organifé n'y a pu
exifter & moins encore fubfifter.*

_____

(a) Il y en a dans les bains de Bude en Hongrie, dont les eaux font très-chaudes ; ils font
bons à manger, on les cuit & on les frit auffi
aifément que ceux qui vivent dans l'eau froide.

Je prévois bien que toutes ces confidérations affoibliront un peu la confiance que Mʳ. de Buffon tâche de nous infpirer en fa théorie des matieres calcaires. Mais peut-être les argilles ont-elles mieux réuffi (a)? *Après la chûte & l'établiffement des eaux bouillantes fur la furface du globe, la plus grande partie des fcories de verre qui la couvroient en entier, ont donc été converties, en affez peu de tems, en argilles: tous les mouvemens de la mer ont contribué à la prompte formation de ces mê-mes argilles, en remuant & tranfportant les fcories & les poudres de verre, en les forçant de fe préfenter à l'action de l'eau dans tous les fens.* Que d'idées ne fait pas naître cette courte narration de la naiffance des couches argilleu-fes! Le verre pur, le verre primitif, qui, felon Macquer, a toute la dureté & la réfif-tance du diamant, réduit en poudre par le mouvement de la mer, & cela *en affez peu de tems.* —— Comment le verre peut-il *fe convertir en argille*, fur-tout par une *forma-tion prompte*, s'il eft vrai, comme je ne ceffe de le faire obferver, qu'il réfifte invin-ciblement *à l'action de l'eau, de l'air, du feu, des acides, &c.* Non, certainement l'eau

P. 146.

(a) Les argilles étant, fuivant Mr. de Buffon, le premier ouvrage de la mer, il paroit que j'au-rois dû difcuter cet article avant celui des cal-caires; mais ces argilles font fi pleines de coquilles, elles font fi fouvent au-deffus des calcaires, que j'ai cru mettre plus d'ordre dans les idées, en commençant par la formation des calcaires.

pure & le verre pur ne feront jamais de l'argille, pas plus durant 2000 ans que par *une formation prompte*. ⸻ De toutes les argilles connues, il n'y en a aucune qui ne foit mêlée avec toutes fortes de terres. Nulle couche fur le globe, où l'argille foit pure (a). Où la mer a-t-elle pris ces matieres diverfes dans le tems où il n'y avoit encore que du verre pur & de l'eau pure ? ⸻ Comment une mer *bouillante* a-t-elle pu former des couches ? Les eaux *bouillantes* ne dépofent rien ; tout y eft dans une agitation & réciprocation continuelle. Quoi ! des eaux *bouillantes* auroient conf-

P. 206. truit des collines d'ardoifes de 6000 pieds, fans déranger un feul feüillet ! Cela demande une foi bien robufte. Mais peut-être la mer n'étoit-elle plus bouillante, lorfqu'elle a tranfporté les argilles pour en revêtir la roche primitive. En ce cas, la mer étoit tranquille & ne tranfportoit rien. Une mer univerfelle eft effenciellement tranquille ; celles que nous connoiffons fur le globe actuel, font plus ou moins *pacifiques*, fuivant qu'elles ont plus ou moins d'étendue. Mais, quelque agitées qu'elles puiffent être à leur fuperficie, elles font toujours parfaitement calmes au fond, où l'on ne reffent ni tempêtes, ni marées. C'eft

------

(a) *Toutes les matieres étrangeres, dont on vient de parler* (l'acide vitriolique, le mica, la terre calcaire, les pyrites, le fer, le fable, &c.) *fe trouvent mélangées avec l'argille, ou feules, ou plufieurs enfemble, ou toutes à la fois, & dans toutes fortes de proportion.* Macquer. Dict. de chymie, art. *Argille.*

une chose reconnue de tous les physiciens & navigateurs. *Il est certain,* dit Woodward, *par les relations des plongeurs, que les marées, & les tempêtes même les plus furieuses, n'agissent que sur la superficie de la mer, dans les endroits où l'eau n'est pas profonde, & sur le rivage; mais elles ne pénetrent jamais dans les endroits profonds ; elles ne troublent point le fond de la haute mer, où l'eau est aussi tranquille & exempte de toute agitation au milieu de l'orage, que dans le calme le plus grand.* Essai sur l'Hist. nat. de la terre, p. 19. On peut voir cette observation prouvée de toutes les manieres dans le traité de M^r. Boyle *sur le fond de la mer,* sect. 3 (a). La mer de M^r. de Buffon ne pouvoit donc agir que contre la cîme des Cordelieres & des Alpes ; le reste du globe ne devoit en rien se ressentir de son action.

Accordons un moment à l'eau le pouvoir

(a) Une chose, qui m'a étrangement surpris, c'est que Mr. de Buffon cite ce même auteur, pour prouver que le fond de la mer est toujours agité. Pour moi, j'ai sous les yeux le passage que j'indique, dans le *Tracts Written by the honorable Robert Boyle. Relation about the bottom of the sea,* p. 10, édit. d'Oxfort 1670. Je pourrois faire un recueil assez considérable des fausses citations, des passages mal vus, mal entendus, que l'illustre naturaliste accumule en faveur de ses opinions, & qu'il regarde comme des *notes justificatives* sans réplique. J'aurai encore l'occasion de faire remarquer sa maniere de copier & d'interpreter les auteurs, lors même qu'il ne juge pas à propos de les citer.

Hist. nat. t. 1, p. 85.

de décompofer un diamant, fur-tout à l'eau
chaude (M.ʳ de Buffon affure que celle-ci
a plus d'efficace, p. 147). Laiffons-la étendre & diftribuer fon argille, ce premier fruit
de fes travaux, fur toute la furface du globe.
Qu'arrivera-t-il ? Sans doute, la premiere couche qui *enveloppe la roche vive*, fera conftamment & univerfellement d'argille ? Oh ! pour
cela, non. C'eft ici qu'il faut voir M.ʳ de
Buffon occupé de la difpofition de fes couches, établir des obfervations générales, puis
les réduire à rien par des exceptions fans
nombre ; arrêter fans aucune raifon le tranfport des coquillages, pour laiffer dépofer les
couches argilleufes (a), & nous dire en
même tems que ces couches en font remplies,
p. 149 ; placer *dans les argilles une infinité de*
belemnites, de pierres lenticulaires, des cornes
d'ammon, p. 149, quoique tout cela dût produire des couches calcaires ; ordonner à la mer

───────────

(a) Ce paffage eft prefque plaifant. *Le tems*
de la formation des premiers coquillages doit être
placé quelques fiecles après l'établiffement des eaux,
& le tranfport de leurs dépouilles a fuivi prefqu'im-
médiatement. Il n'y a eu d'intervalle qu'autant que
la nature en a mis entre la naiffance & la mort de
ces animaux. P. 150. On voit que la mer n'a
tranfporté aucun de ces animaux en vie ; elle
attendoit leur mort, puis les tranfportoit fucceffivement. Quoiqu'à bien examiner ce paffage, il paroit que ces animaux font nés &
morts tous à la fois, & qu'ainfi la mer ne les a pas
tranfportés un à un, ce qui eût demandé trop
d'attention pour diftinguer les vivans des
morts.

d'amener tantôt précifément de l'argille , & tantôt précifément des calcaires, & cela quelquefois durant 14000 ans , fans aucun mélange ; enfin tracer un plan , une difpofition de couches, dont je n'ai jamais pu retenir que les mots fuivans, *au-deffus, au-deffous, au milieu, fouvent, ordinairement, quelquefois, prefque toujours,* nomenclature fans régle & fans objet fixe, fruit naturel de l'efprit de fyftême , de cette efpece de maladie d'efprit qui veut foùmettre les opérations de la fecréte nature aux écarts de l'imagination.

Je voudrois bien oppofer à cette maniere de produire & d'arranger les couches, celle que de favans hommes ont imaginée d'après les notions du déluge ; on verroit, non pas une mer *bouillante,* où bien abfolument tranquille, occupée d'un ouvrage incompatible avec fon état ; on verroit toute la maffe des eaux contenues dans l'air, dans la terre & dans la mer, réunie par le concours des caufes les plus fubites & les plus violentes, répandre fur la terre toute la vafe de l'océan, les animaux qu'il nourriffoit, les débris de coquilles & de végétaux entaffés dans fon fein durant vingt fiecles ; on verroit, dis-je, cette maffe énorme d'eau, agitée par les refforts les plus puiffans dirigés par la main de Dieu même, mêler les dépouilles immenfes de l'océan avec les décombres de la terre détrempée & amollie (a);

_____

(a) Non que la terre ait été entierement diffoute, comme le prétend Woodward ; mais on
ne

fon mouvement de réciprocation, clairement exprimé dans l'Ecriture, qui la pouffoit & repouffoit en fens contraire, devoit tantôt amener une matiere, & tantôt une autre, fuivant

*Aquæ eun-
tes & redeun
tes.* Gen. 8.

la qualité de la vafe, dont les eaux étoient empreintes, & la diverfité des matieres qu'elles entraînoient (a). Mais je ne m'arrêterai point à ce détail pour ne pas être en contradiction avec ce que j'ai dit de l'inutilité &

Ci-deffus,
v. p. 105.

de l'impoffibilité d'expliquer tout ce qui eft arrivé durant cette mémorable cataftrophe du globe. Je me contenterai de répondre à une objection fpécieufe, que M^r. de Buffon emploie fouvent contre les notions communes

des

---

ne peut nier que ce long féjour des eaux & leur violence extrême n'aient donné au fol une mobilité finguliere, fur-tout fi les pierres calcaires, comme le prétendent quelques naturaliftes, n'exiftoient pas encore en maffe, & qu'elles foient une production de la *nouvelle terre*, dont les habitans avoient befoin d'abris folides, & conféquemment de matériaux pour les bâtir. Voïez cette idée bien développée dans les *Lettres à un Américain.* T. 2, p. 9.

(a) Un poëte païen exprime admirablement la fureur de ces eaux deftructives & en même tems créatrices, qui, fuivant Mr. de Buffon, n'ont pas même effleuré la furface de la terre :

Concutitur tellus, validis compagibus hærens,

Subducitque folum pedibus : natat orbis in ipfo ;

Et vomit oceanus pontum, fitiensque reforbet.

Nec fefe ipfe capit. Sic quondam merferat urbes

Humani generis cùm folus conftitit hæres

Deucalion. Manilius, libr. IV.

des effets du déluge. C'eft cette quantité énorme de coquillages de la même efpece qu'on
trouve, comme par familles, entaffée à des
hauteurs confidérables, qui femble indiquer
qu'ils s'y font multipliés, & que la mer y a
fait un féjour affez long. Il me paroit que
cette grande objection ne peut fe foutenir
contre les réflexions les plus fimples.

1°. La même difficulté fe trouve dans le
fyftême de M^r. de Buffon. *Si le tems du*
tranfport des coquillages a fuivi prefqu'im-
médiatement le tems de leur formation....
fi l'eau entraînoit les coquilles & les autres
dépouilles, &c, comment fe font-elles tenu
raffemblées en maffe jufqu'à faire des rochers?

P. 150 ;
152.

2°. J'ai vu des maffes confidérables de coquillages, qui n'étoient que les débris d'un feul
animal, & qui paroiffoit aux hommes peu
inftruits dans l'hiftoire naturelle, le réfultat
de mille & mille générations. Les *encrinites,*
par exemple, les *trochites,* les *entroques* font
les articulations du palmier-marin, dont les
vertebres font au nombre de plus de 26000.

3°. Toutes les fois que j'ai examiné par
moi-même ces rochers compofés, à ce que
l'on difoit, de coquillages homogenes, j'y ai
trouvé un très-grand mélange de toutes fortes de matieres, pierres, terres, végétaux, &
coquilles d'efpece différente. C'eft ce que j'ai
particulierement remarqué dans un tas de pierres lenticulaires ou numifmales (a), qu'on
voit en Tranfylvanie, entre Claufenbourg &

_____

a) Efpece de coquillage pétrifié, qui a la
forme

I

Fœkété-To ; mais, comme mon témoignage pourroit paroître suspect, je veux bien m'en tenir à ce que M^r. de Buffon nous apprend de la marne de Touraine, dont il a fait un si grand usage pour détruire les notions du déluge. Il dit en termes formels que les espèces sont très-différentes ; que *quelques-unes sont connues sur les côtes de Poitou* ; que *d'autres appartiennent à des côtes éloignées* ; qu'*il y a des fragmens de plantes marines pierreuses, telles que des madrepores, des champignons de mer, &c.* Enfin il rapporte le sentiment de M^r. de Reaumur, ce grand observateur des secrets de la nature, qui étoit persuadé *que le golfe de Touraine tenoit à l'océan* ; il déterminoit même la route du *courant qui y charioit les coquilles.* Voilà donc le grand argument, tiré de cette fameuse marne, absolument nul suivant M^r. de Reaumur, & suivant M^r. de Buffon lui-même, qui rapporte son sentiment sans le contredire, & qui convient du mélange & de la confusion de ces coquillages.

4°. Cette observation de M^r. de Reaumur doit s'étendre sur un grand nombre de plages de notre continent, qui sont restées sous la mer long-tems après le déluge. P. ex. je ne doute pas que ces rochers de pierres lenticulaires,

Hist. nat. t. 1, p. 268.

forme de monnoies, ou plutôt de lentilles. Les habitans du pays l'appellent *l'argent des Tartares,* & sont persuadés que saint Ladislas, poursuivant ces peuples vaincus, changea en pierres les pièces d'or & d'argent qu'ils répandoient sur leur route pour arrêter les vainqueurs.

laires, dont parle Geſſner, & qu'il dit ſe trouver dans les cantons de Glaris & de Lucerne, n'aient été produits par de petites mers interceptées, lors de la retraite des eaux du déluge; que les coquilles aient pu s'y multiplier, au point de former des monticules (a). La quantité de lacs, qu'on voit encore aujourd'hui dans ce païs, ne laiſſe aucun lieu de douter que les eaux de la mer n'aient ſéjourné dans des vallées profondes & qui manquoient d'écoulement, long-tems après le déluge. Pluſieurs de ces vallées étoient abſolument fermées; ce n'eſt qu'avec le tems que les eaux ſe ſont fait des iſſues, qu'elles ont élargis ſucceſſivement en rongeant les rocs, en détruiſant les digues, &c. (b).

De Petrif. part. 2, cap. 8.

JE NE puis me réſoudre à quitter l'article des coquillages, ſans témoigner quelque regret de tant de belles & grandes eſpeces qui, ſuivant Mr. de Buffon, ont été perdues ſans retour, que le froid a fait périr ſans

_____

(a) La multiplication des coquillages eſt ſi énorme & ſi ſubite, que l'imagination a de la peine à ſuivre la fécondité & la promptitude de la nature dans cette opération. Mr. de Buffon en convient, Hiſt. nat. t. 1, p. 271.

(b) Cette obſervation eſt ſenſible pour ceux qui ont voyagé en Suiſſe; c'eſt une choſe étonnante à quel point le Rhin a rongé, depuis peu d'années, les bords de la caſcade de Schaffhauſen.

qu'il en foit refté un feul individu. Telles
font les *cornes d'ammon*, *les belemnites*, *les*

P. 149. *pierres lenticulaires*, qui étoient fort à leur
aife dans *les eaux bouillantes*, mais qui ne
pouvoient vivre dans l'eau froide. Comment
les molécules organifées *vivantes, indeftructi-*
bles, qui ont réfifté au feu du foleil d'où elles font venués chez nous, qui réfifteront
également au froid jufqu'en 168000, ont-elles
produit des poiffons fi délicats ? Vivent nos
coquillages qui ont fçu fe conferver dans l'eau
bouillante, (comme on n'en peut douter,
puifqu'on les trouve dans les couches primitives
d'argille, pêle-mêle avec les cornes d'ammon,
p. 151) & qui fe maintiennent également dans
l'eau froide. Et quelle différence du froid d'aujourd'hui avec celui qui a tué les cornes d'ammon ! .... Mais eft-il bien sûr que ces cornes d'ammon n'exiftent plus ? En peut-on
douter après les affurances pofitives qu'en donne M^r. de Buffon ? Il n'y a rien qu'il avance
avec plus de confiance & qu'il répete avec
tant de perféverance que l'extinction de ces
anciennes efpeces. On retrouve cette affertion
favorite p. 22, 30, 135, 140, 142, 149,
430. T. 2, p. 239, 240, 241. On peut dire
que l'illuftre naturalifte s'eft fortement occupé
de la mort de ces animaux primitifs. Cependant à force de m'en occuper à mon tour,
je fuis parvenu à recueillir quelques raifons
d'efpérance. Voïons s'ils font bien morts.

    1°. En 1744, quand M^r. de Buffon écrivoit
la théorie de la terre, les cornes d'ammon
exiftoient encore. Après avoir parlé des coquillages

quillages qui n'étoient jamais jettés sur le rivage, il ajoute : *Il est à croire que les cornes d'am-*
mon, & quelques autres especes, qu'on trou- Hist. nat.
ve pétrifiées & dont on n'a pas encore trouvé t. I. p. 290.
les analogues vivans, demeurent toujours dans
le fond des hautes mers. Or le froid est-il donc
si étrangement augmenté depuis 1744 ? . . . .
D'ailleurs dans les *Epoques*, M^r. de Buffon assure que les cornes d'ammon sont perdues depuis
plus de 30 mille ans, le froid de ce tems-là
(qui seroit regardé aujourd'hui comme une
chaleur insupportable) leur étant absolument
contraire. Si donc il est vrai qu'elles ont vécu
jusqu'en 1744, il y a tout lieu de croire
qu'elles existent encore.

2°. Si en 1744 M^r. de Buffon a eu des raisons pour *croire* les cornes d'ammon existantes, il n'a pu changer de sentiment, sans
avoir des informations bien précises qu'elles
n'existoient pas. Ces informations n'ont pu
être que le résultat d'une connoissance exacte
de tout ce qui vit dans le sein du plus profond océan, depuis le pole artique jusqu'à l'an-
tartique. Or à dater de l'an 1744 jusqu'en
1778, le terme est un peu court pour une
instruction si vaste & si juste. . . . La grande
profondeur de l'océan est, dit-on, de 3000
brasses, le moïen de tout bien examiner à
cette profondeur ? . . . , *La terre n'est pas en-*
core entierement découverte, ce n'est que de
nos jours qu'on s'est élevé à la théorie de sa
forme, p. 6, & M^r. de Buffon connoit spécifiquement tout ce qui existe dans l'abyme
des mers !

3°. Les cornes d'ammon, (ainsi que les bélemnites & les pierres lenticulaires) *se tenant toujours dans le fond des hautes mers*, comme dit M^r. de Buffon ; & *le fond des hautes mers* étant toujours tranquille, comme je l'ai fait voir, il n'est pas possible que ces coquillages soient poussés hors de l'océan (a), au moins les grands & les plus pesans, car pour les très-petits (mais qui déposent démonstrativement en faveur des grands) on en trouve des milliers, comme nous allons voir.

4°. Gualteri (*Index testac. t.* 19) nous fait voir trois especes de cornes d'ammon marines. Rumphius en parle aussi ; Lister, Bonanni,

---

(a) *Il est évident*, dit Mr. Woodward, *par les relations des pêcheurs ou plongeurs, dont on se sert pour les perles, qu'il y a un grand nombre de poissons à coquilles qui restent continuellement au fond de la mer, cachés à notre vue par le vaste al yme d'eaux ; qui habitent toujours le fond de l'océan sans jamais approcher des rivages ; étant aussi contraire à la nature de ces poissons, d'abandonner leur habitation naturelle qu'à ceux qui habitent le rivage, de quitter la leur, & de se retirer au fond de la mer : delà vient que les naturalistes les ont nommés en latin* pelagiæ, *& qu'ils ont appellé* littorales, *ceux qui habitent plus près du rivage. Quant aux coquillages que nous trouvons sur les rivages, ils y sont tous poussés & jettés par les marées & les tempêtes ; ils appartiennent par conséquent aux especes qui vivent près du rivage ; non pas à celles qui habitent au fond de la mer, & dans les endroits les plus profonds & les plus reculés de l'océan. Essai sur l'Hist. nat. de la terre,* p. 19. —— Mr. de Buffon dit précisément la même chose, adopte la même distinction de *pelagiæ* & de *littorales* Hist. nat. t. 1. p. 290.

nanni, & M^r. d'Argenville en ont fait mention. Le célebre Woodward, homme profondément inftruit dans cette partie de l'hiftoire naturelle, en a vu auffi d'une efpece (*Rép. au D. Camerarius, p.* 315.). Enfin voici ce que je lis dans les *Amufemens microfcopiques* de M^r. Ledermuller, page 21. *Quelque renommé que foit le fable de mer en général pour la quantité de gros & de menu coquillage; notre fédiment d'Arimini l'emporte par-deffus tout autre, en ce qu'on y trouve fept fortes des plus petites cornes d'ammon. Il eft remarquable, que, bien que, fuivant le témoignage de Mr. Bourguetto, on en ait trouvé quantité & même au-delà de foixante efpeces fur les plus hautes montagnes; les naturaliftes jufqu'ici n'ont pas connu une corne d'ammon, tirée de la mer. De-là vient, que certaines gens, qui connoiffoient peu la nature, ont pris toutes ces cornes d'ammon, qui fe ramaffent fur les montagnes, pour des jeux de la nature. Mais ils feront détrompés de refte, en voïant que notre fédiment en contient fept efpeces & au-delà. Il eft même fi fécond en cette forte de coquillage, que dans fix onces de fable de mer, j'en ai compté* 9000 *de la feule efpece des cornes d'ammon.* —— Les pierres lenticulaires ne font pas plus perdues que les cornes d'ammon, on en trouve de très-petites fur le rivage. *Minutiffima granulorum magnitudine in arenà littorum maris inventa funt.* Geffner, de petrif. part. 2. cap. 7. —— Les belemnites font également très-exiftans dans la mer, foit qu'on les rapporte à une efpece d'holoturies, comme fait Mr. Bertrand (*Dict. des fofs. p.* 67.), foit qu'on les regarde avec Mr. Claret comme un polype articulé. *Ibid. p.* 88.

5°. Des coquillages dont les analogues vivans paroiffoient perdus avec bien plus de vraifemblance que les cornes d'ammon, puifque celles-ci fe montroient au moins dans l'état d'une extrême petiteffe, viennent d'être découverts comme bien vivans & bien certainement affociés à la totalité des efpeces qui conftituent le plan indivifible & immuable de la création. Tels font entr'autres les térébratules. " Madame de Bois-Jourdain (dit Mr. Ber-
" trand dans fon *Dict. des foffiles*) & Mr.
" Schmidt, l'une à Paris, l'autre à Berne,
" montrent une vraie térébratule marine. C'eft
" ainfi que peu à peu le nombre des coquil-
" les pétrifiées anomies diminuera, à mefure
" qu'on découvrira les efpeces de la mer qui
" étoient inconnues.". A cet exemple j'ajouterai celui du palmier marin, dont les débris pétrifiés paffoient également pour des monumens d'une efpéce perdue, jufqu'à ce que Mr. Adriantz, capitaine du vaiffeau Britannia, en prit un à 80 milles des côtes de Grœnland. Ce zoophite, ou plante-animal, fe trouva attaché à la fonde, & avoit été arraché de la terre aves fes racines à 236 braffes de profondeur (a). Qu'on juge s'il eft raifonnable

_____

(a) Voyez l'*Effai fur l'hiftoire naturelle des corallines, par Mr. Ellis.* P. III. tab. 37. fig. A.

fonnable de prétendre que la mer arrache ces productions de leur lieu natal à 1180 pieds de profondeur, & qu'elle les amene fur le rivage pour en conftater l'exiftence.

J'ai la confiance de croire que ces obfervations fuffifent pour nous raffurer fur l'exiftence & la confervation des animaux à coquilles dont Mr. de Buffon nous annonce la deftruction. J'examinerai une autre fois ce qu'il dit de la perte des grands quadrupedes. Je dois, avant de finir cette *troifieme Epoque* fi féconde en événemens, dire un mot de la houille, dont la formation date de ce tems, fuivant le célebre naturalifte.

Ces veines de charbon qui font toutes com P. 154.
pofées de végétaux, mêlés de plus ou de moins
de bitume, doivent leur origine aux premiers
végétaux que la terre a formés. Je fuis bien sûr que Mr. de Buffon n'auroit pas adopté ce fentiment, s'il avoit obfervé des houillieres en maffe. Il eft bien vrai que le charbon foffile eft fouvent le réfultat des arbres, j'en ai en main des preuves inconteftables. Mais il n'eft pas poffible de généralifer cette idée fans combattre les preuves de fait les plus décifives. Non, le favant naturalifte n'auroit jamais adopté cette opinion paradoxale, s'il ne s'étoit laiffé perfuader par des mémoires que je fais lui avoir été envoiés par des gens qui aiant toujours vécu dans des païs de houille, ont été regardés par Mr. de Buffon comme des témoins oculaires de cette étonnante métamorphofe

morphofe des végétaux (a). Le bitume qui pénetre la terre, pénetre auffi le bois; mais il ne faut que des yeux pour diftinguer la terre & le bois qui ont été empreints de cette matiere. La plupart des houillieres du païs de Liege font de vrais bancs de roche feuilletée (b), fans vuide, fans mélange, fans variation dans leur denfité ni leur contexture.... Le moïen d'imaginer des arbres entaffés de maniere à ne pas laiffer le moindre vuide, à ne permettre nulle éntrée à une matiere étrangere?... Si la matiere intermédiaire fe change en une houille toute femblable, qui fait avec les arbres un même tout, une même maffe

---

(a) Je m'imagine découvrir ici un genre de punition que la politique humaine, quand elle eft tant foit peu trop rafinée ou trop exigeante, ne manque pas d'éprouver. Mr. de Buffon a communiqué fes *Epoqües* à tous les favans qui lui ont paru propres à les appuyer de leur fuffrage. Son autorité, l'influence de fa célébrité fur des réputations fubalternes, les ont fubjugués. Par une efpece de repréfailles, des favans de province ont envoyé leurs ouvrages à Mr. de Buffon, & cet homme célebre a adopté à fon tour des opinions très-fauffes, qu'on lui préfentoit avec un refpect & des hommages bien propres à captiver fon approbation.

(b) Tout ce qui eft feuilleté, eft l'effet des marées, fuivant Mr. de Buffon (Ci-deffus, p. 78). La houille eft donc l'effet des marées; chaque feuillet eft le dépôt d'une marée. Comprenne qui pourra comment la mer a réduit en feuillets de gros arbres; comment la matiere ligneufe a été liquéfiée & enfuite tranfportée par feuillet, un à un, deux feuillets par jour.

folide & parfaitement unie, il eft donc faux que les feuls végétaux fe transforment en houille, il eft donc inutile de recourir généralement aux arbres, puifque d'autres matieres fubiffent la même métamorphofe.

Je ne rapporterai pas ce que les hommes les plus verfés dans l'étude des foffiles ont penfé fur cette matiere (a). Je m'en tiens à M^r. de Buffon lui-même. Quand cet homme de génie ne donne rien aux préjugés, à la complaifance, ou à la prétention, il fait mieux que perfonne s'emparer du vrai. Auffi

---

(a) On peut confulter entr'autres le *Diction-naire univ. des foffiles*, ouvrage rédigé avec foin & une exactitude bien fupérieure à la plupart des traités que nous avons fur cette matiere. C'*eft une erreur*, dit Mr. Bertrand, *que de croire que tout charbon foffile foit du bois décompofé, changé en limon & pénétré de pétrole, de bitume, de vitriol & de foufre. Il paroit plutôt que ce font des couches de matieres limoneufes, argilleufes, marneufes, qui ont été plus ou moins pénétrées de mouffettes, de vapeurs fulfureufes, & de fucs bitumineux & pétroliques. . . . Comment concevoir que des couches qui ont jufqu'à 40 & 45 pieds de hauteur & une étendue de plufieurs lieues ne foient que des arbres décompofés? On trouve des couches qui n'ont que quelques pouces d'épaiffeur, mais très-étendues; feroit-ce encore une forêt abymée & des arbres détruits? On rencontre des lits pofés les uns fur les autres avec des couches intermédiaires de roc, de terre, de gravier. Etoit-ce donc des forêts qui ont végété les unes fur les autres?* Dict. univ. des fofs. art. *Charbon foffile.* Dans le même article, le favant minéralogifte donne des moyens fûrs de diftinguer le bois alumineux de la houille en maffe.

nous dit-il , en termes exprès, que *le charbon de terre , la houille, le jai , font des matieres qui appartiennent à l'argille , & qu'on trouve fous l'argille feuilletée ou fous l'ardoife.* Hift. nat. t. 1. p. 273. Je crois connoître l'homme qui a produit cette variation dans l'efprit du favant naturalifte, en faveur de fa houille végétale ; par zele pour la gloire du Pline françois, je lui veux tout le mal du monde par rapport à ce genre de féduction.

De tous les phyficiens de l'univers perfonne ne devoit avoir moins de goût pour cette opinion que M^r. de Buffon. C'eft durant la troifieme époque qu'il compofe fa houille ; & il eft plus qu'évident qu'alors il n'y avoit aucun végétal dans le monde. Il eft vrai qu'il en fait croî-

P. 190. tre *une quantité trop immenfe , pour qu'on puiffe fe la repréfenter.* Mais où ? *Sur la fuperficie des terres élevées au-deffus des eaux,* c'eft-à-dire , fur la cîme des Cordelieres , des Alpes, du Caucafe, &c, que les eaux venoient de quitter. Mais les fommets de *ces grandes maffes* n'étoient que du roc vif, du verre pur ; & c'eft là-deffus qu'a dû croître une *quantité immenfe* de grands arbres propres à former la houille qui remplit l'intérieur de la terre dans les quatre parties du monde ? ... O pouvoir de l'imagination ! ... Sur les pierres de l'Arabie , fur les rocs des côtes d'Afrique, depuis quatre mille ans, il n'a pas paru un brin d'herbe ; dans les plus fertiles provinces de l'Europe, où l'air & l'eau répandent, en une *quantité immenfe ,* les germes de 39000 plantes, les dunes reftent toujours arides &

ftériles. Et, dans le tems où il n'y avoit encore ni germes, ni plantes, le roc vif, le
verre qui ne reçoit aucune altération, ni modification, a produit des végétaux énormes
qui couvrent, qui rempliſſent la terre & la
mer!

On fera fans doute furpris qu'avant de *pro-*
duire cette quantité immenſe de végétaux, &
d'enrichir les habitans du globe d'une provi-
fion de houille qu'ils *n'épuiſeront jamais* (a),
M⁰. de Buffon n'ait pas couvert les montagnes
du globe chargées de cette opération, d'une
bonne quantité de terre végétale. Il ne lui en
eût pas coûté plus que de diſtiller la matiere
calcaire dans l'eau bouillante par le moïen de
la digeftion des animaux à coquilles. Mais le
fait eſt qu'il n'y a pas fongé, ou du moins
qu'il n'en a rien fait. Car, tout au contraire,
ce font *les plantes & les arbres qui ont formé*
la terre végétale. . . . N'y a-t-il pas de quoi P. 153.
s'étonner de la conduite de Dieu dans la création du monde? Ce grand architecte, perſuadé
que le roc vif & la chaux pure ne produiroient point de végétaux, quand même on
y en dépoſeroit le germe, a commencé par
couvrir la terre d'une matiere propre à la végétation;

_____

(a) Mr. de Buffon croit fans doute, comme
Mr. Genneté, à la réproduction de la houille;
fans quoi il ne pourroit certainement pas nous
promettre qu'elle ne *s'épuiſera jamais.* Déja elle
devient rare & renchérit de plus en plus. J'ai
parlé de cette plaifante opinion de Mr. Genneté
dans le Journal hift. & litt. de Luxembourg du
1. Nov. 1779, p. 320.

gétation ; & ce n'est qu'après cette sage précaution qu'il a dit : *Germinet terra herbam*
virentem & lignum. M^r. de Buffon, plein de
confiance en ses molécules, a suivi une autre
méthode ; il commence par couvrir la terre de
plantes & sur-tout d'arbres énormes, *en une*
quantité trop immense pour qu'on puisse se la
représenter ; après quoi il s'avise seulement de
créer la terre propre à les produire & à les
alimenter. C'est-là bien précisément le monde
renversé.

Mais n'est-il pas vrai, dit M^r. de Buffon,
que *les plantes & les animaux se changent*
en terre végétale ? Qui en doute ? Ils se
changent en la terre dont ils sont composés.
La partie osseuse des animaux se change en
terre calcaire, parce qu'elle en est composée ;
le reste en terre végétale, par la même raison.
Que de profondes & scientifiques spéculations
sur la chose du monde la plus unie & la plus
simple !

A ces notions du gros bon sens, ajoutons
une preuve de fait qui n'est susceptible d'aucune réplique, sinon peut-être de la part de
ces gens qui nient dans l'intérieur de leur
cabinet ce que des témoins oculaires ont vérifié avec autant de peines que de soins. On
trouve de la terre végétale dans les endroits
où il n'y a jamais eu ni plante, ni animal. Au
sommet des Alpes (dit Scheuchzer, ce grand
observateur des singularités naturelles de sa
patrie), où la subtilité de l'air, le vent & le
froid ne permettent à aucune plante de croître, on trouve un terrein noir, vrai terreau,

reau, terre franche, ce que les naturaliftes appellent *humus atra*. Cette terre eft pure & homogene. Scheuchzer lui a trouvé diverfes propriétés, qu'on peut voir dans fon *Oryƈto-graphia helvetica*, p. 99 & 100.

Un autre fait également inconteftable eft que la terre végétale ne s'accroît pas. Dans le fyftême de Monfieur de Buffon, elle doit augmenter à vue d'œil. *La quantité* de plan-tes & d'animaux, qui tous les ans fe dif-fout en terre végétale, eft *trop immenfe pour qu'on puiffe fe la repréfenter*; au bout de quel-ques fiecles, quelle quantité de terre végétale! Cependant la vérité eft que cette quantité eft toujours la même; qu'il n'y en a pas plus aujourd'hui que du tems de Romulus & de Nemrod, où la furface du globe en général étoit tout auffi fertile & tout auffi pourvue de terre propre à l'agriculture qu'en 1780 (a).

(a) Je n'ignore pas que les infatigables calcu-lateurs des imaginations humaines ont décidé que la terre végétale s'accroiffoit d'un quart de pouce par fiecle. Ils difent en avoir fait l'expé-rience dans des lieux déferts. Mais 1°. cette terre végétale, dont le volume augmente en cer-tains endroits, n'eft que l'enfemble de celle que les eaux ont amenée, que les hommes & les animaux ont tirée de leur nourriture, que la culture a détachée des calcaires & des fables avec lefquels elle étoit mêlée, que les fucs de la terre ont chariée dans les plantes & les fruits, &c. &c. 2°. Puifqu'on convient que la profondeur générale de la terre végétale n'eft que d'environ fix pouces (V. Diƈt. d'hift. nat. art. *humus*. ⸺ Diƈt. des foffiles, art. *terreau*);

ce

Arrêtons-nous encore un moment pour voir comment les végétaux de M^r. de Buffon, ces enfans du roc vif, se sont rendus dans le sein de la terre pour y devenir charbons. Ecoutons de nouveaux miracles: *De ces arbres que*

P. 158. *rien ne détruisoit que leur vétusté, il s'est fait dans cette longue période des transports successifs par les eaux courantes.* Les eaux avoient quitté ces hauteurs; c'est la raison pour laquelle M^r. de Buffon les couvre de végétaux, préférablement au reste de la terre; & voilà ces mêmes eaux qui les emportent.... Ou bien seroit-ce les pluies qui par des torrens formés sur la cîme des *masses vitrescibles* voiturent dans la mer les larix & les cédres (a)?.... Des arbres *que rien ne détruisoit que leur vétusté*, & qu'on ne trouve jamais

---

ce beau calcul ne donneroit que 2410 ans depuis l'existence des hommes & des animaux sur le globe. Que deviennent, suivant cette maniere de faire des *Epoques*, les 75000 ans de Mr. de Buffon?

(a) Sur le sommet des montagnes, patrie des premiers végétaux, il ne peut y avoir de torrens.... Les défilés, les rochers, les gros cailloux, les hayes, les arbres, la sinuosité de la course des eaux, leur peu de profondeur, leur impétuosité même, les cascades &c, tout concourt à ce que les torrens n'emmenent pas fort loin ce qu'ils ont emporté..... J'ai demeuré long-tems dans le voisinage de très-hautes montagnes couvertes de sapins qui tomboient *de vétusté*, jamais il n'est arrivé un seul arbre dans les vallées où je me trouvois.... Mr. de Buffon cite le Maragnon; il seroit curieux de voir un Maragnon sur les Alpes ou le Caucase.

mais sans leurs racines (a). .... En vérité je me crois transporté dans le roiaume des Fées. Au défaut de M^r. de Buffon, il n'y a que M^r. Bailly qui puisse nous faire comprendre tout cela ; ces bonnes & puissantes déesses en lui révélant leurs secrets, lui ont communiqué non - seulement le talent, mais aussi le plus ardent désir de nous les faire connoître & admirer (b).

(a) Un grand naturaliste qui a passé sa vie dans la recherche & l'étude des coquillages, bois souterrains, & fossiles de tous les genres, atteste que les arbres trouvés en terre à des profondeurs considérables, ont toujours leurs racines. Voyez la *Réponse* de Woodward *aux observations du docteur Camerarius*, p. 341. Il y a peu d'argumens plus propres à démontrer la violence de la révolution qui les a ensevelis dans le sein de la terre.

(b) Il se compare lui-même aux missionnaires, & se croit choisi pour prêcher, au nom de Mr. de Buffon, le refroidissement du globe. *Je puis bien*, dit-il, *avoir quelque chose du zele des missionnaires, & même leur persévérance.* Voyez ses lettres à Mr. de Voltaire, qui ne croyoit pas plus que nous aux merveilles racontées par ces deux savans.

K

QUATRIEME EPOQUE

Pag. 187. *Lorfque les eaux fe font retirées, & que les volcans ont commencé d'agir.*

SI l'illuftre naturalifte a eu de la peine à affembler les eaux fur les plus hautes montagnes du globe, il ne doit pas être moins embarraffé à les faire retirer. Dans l'hiftoire du déluge tout cela ne fouffre aucune difficulté ; la même Puiffance qui a raffemblé fur la furface de la terre tout l'élement aqueux contenu dans l'athmofphere, la terre, & l'océan, a renvoïé en leur place naturelle toutes les parties qui avoient concouru à former cette étrange maffe d'eau. Mais dans l'hiftoire du monde de Mr. de Buffon, le cas eft bien différent. Le foleil a fourni les eaux à la terre, mais il ne les a pas retirées. Que font-elles devenues ? La queftion eft précife & preffante.

Mr. de Buffon nous dit tout fimplement que *les eaux fe retirerent en s'écoulant dans* P. 189. *des lieux plus bas.* Mais quels font ces *lieux plus bas* ? c'eft ce qu'il nous a laiffé ignorer. Si tout le globe étoit couvert (comme on n'en peut douter, puifque les plus hautes montagnes l'étoient) quels pouvoient être *les lieux plus bas,* qui fuffent reftés à fec ?

Il eſt vrai que dans divers endroits tant de *l'Hiſtoire naturelle*, que des *Epoques*, Mr. de Buffon nous fait entendre que la mer ſe change en terre ; il parle auſſi de l'enfoncement des cavernes, qui recevant les eaux, diminuent le volume qui couvre la ſurface du globe. Mais ces deux raiſons ne peuvent ſoutenir le plus léger examen.

1°. Nous avons vu que l'eau étoit une ſubſtance pure, incorruptible, indeſtructible qui ne pouvoit être ſoumiſe à aucune eſpece de tranſmutation ni d'altération. Elle ne peut donc ſe changer en terre (a). Nous avons vu par le fait, que la quantité d'eau qui fait partie du globe, ne diminuoit pas (b). Quelques chymiſtes ont cru venir au ſecours de l'illuſtre naturaliſte, en aſſurant que l'eau

---

(a) Voyez ci-deſſus p. 118, 119.

(b) Ci-deſſus p. 119. — J'ai pris pour régle la Mer Méditerranée 1°. parce que c'eſt la plus connue. 2°. Parce que c'eſt la plus propre à fournir un état de comparaiſon entre l'ancienne géographie & la moderne : 3°. Parce que c'eſt celle que Mrs. de Maillet & de Buffon ont choiſie pour ſervir de preuve au prétendu décroiſſement. 4°. Parce que l'exiſtence actuelle des ports les plus anciens comme les plus célebres, rend la fauſſeté de cette opinion plus ſenſible. Mais s'il étoit vrai que la Méditerranée baiſſe, il ne s'enſuivroit rien en faveur du décroiſſement de la mer en général ; comme on ne peut rien inférer en faveur de ſon accroiſſement par les progrès qu'elle fait ſur certaines côtes. Un léger changement dans le centre de la gravité, & d'autres cauſes générales ou particulieres ſuffiſent pour expliquer ces viciſſitudes.

K 2

se changeoit en air. Mais les mêmes chymistes assurent également que l'air se change en eau ; par conséquent il y a une espece de compensation & de réciprocité, qui empêche l'eau de diminuer. ——— La vérité est que l'eau ne se change pas plus en air qu'en terre. L'air est comme l'eau un fluide simple, indestructible, inaltérable. Les vrais chymistes ont toujours reconnu cette vérité & la reconnoissent encore (a). Ce n'est que

---

(a) J'ouvre la physique de Beccher, qu'on peut regarder comme le pere de la bonne chymie, & je vois que ce savant homme n'a jamais eu le moindre doute sur la simplicité & l'indestructibilité de l'air. *Principia rerum elementalia, aer,* &c. C'est le titre même du chap. 4. de la 1. section de la *Physica subterranea,* ouvrage profond, & qui mérite tous les éloges qu'on en a faits. ——— J'ouvre les *Fundamenta chymiæ* du célebre Stahl p. 36, & je trouve également l'air entre les principes simples. *Instrumenta generalia ignis, aer, aqua.* ——— Les chymistes de nos jours les plus estimés n'ont rien changé à cette doctrine. *On regarde l'air,* dit Macquer, *comme un corps simple élémentaire, & principe primitif, parce qu'on ne peut lui causer d'altération ni le décomposer par les moyens connus de la chymie.... L'air, de même que les autres principes primitifs, se trouve dans les corps dans deux états différens. ....L'air doit être considéré comme étant véritablement un des élémens, ou parties constituantes des corps.* Dict. de chy. art. *Air.* ——— Le savant auteur de la *Théorie des êtres sensibles,* dit exactement la même chose. *L'air est un corps primitif, un corps indépendant de toutes les compositions que forme la nature. Quelques physiciens ont pensé que l'air pourroit bien être un assemblage fortuit de corpuscules hétérogenes. Mais cette opinion singuliere n'est fondée sur aucune expérience & sur aucune*

cune

depuis que l'étude de la nature eft devenue
très - fuperficielle comme toutes les autres,
que des demi-phyficiens, trompés par l'extrême compreffibilité, élafticité & divifibilité
de l'air, fe font imaginé l'avoir fait pour l'a-
voir tiré d'où il étoit (a).

---

cune raifon; elle eft même contraire à l'expérience & à la raifon.... Après avoir donné à l'air une
denfité auffi grande ou plus grande que celle de
l'eau*, on a toujours trouvé en lui les mêmes effets, les mêmes caractéres, les mêmes propriétés,
la même nature.... A quelques épreuves que l'air
mis la chymie, elle n'a jamais pû ni le décompofer, ni le dénaturer, ni lui caufer aucune altération effencielle. Soumis aux feux les plus violens,
il n'eft ni confumé, ni métamorphofé par leur activité : livré à l'action des plus puiffans diffolvans,
enlevé à un corps & abforbé par un autre, on l'en
retire fans diminution & fans altération. Théor.
des êtres fenf. t. 2. p. 384.

* Ce que
l'auteur
prouve par
une expé-
rience re-
marquable.

(a) Pour s'en convaincre il n'y a qu'à lire les
prétendues expériences fur lefquelles ils appuient
cette imagination. On verra qu'elles ne prouvent
autre chofe que les propriétés connues de l'air
& de l'eau. L'eau fe raréfie, l'air fe comprime
& fe dilate au-delà de l'imagination. Voilà l'é-
cueil de la fauffe chymie. *L'eau réduite en vapeurs*, écrit-on dans un ouvrage très-moderne,
*eft de l'air, qui ne différe de l'air athmofphérique
que parce qu'il eft plus chargé de molécules aqueufes.* Admirons cette contradiction, mais admirons encore plus la force de la vérité qui met
dans la bouche des fyftemateurs un langage contraire à leurs prétentions. Si l'*air eft chargé de
molécules aqueufes*, il eft donc toujours *air*, &
les *molécules aqueufes* font toujours *eau*; ou bien
l'eau eft *chargée* d'elle-même. L'air plus ou moins
chargé n'eft il pas toujours *air*? Les *molécules
aqueufes*, en petite ou en grande quantité, ne

L. d. d. D.
au d. B. t. I.
p. III.

K 3   font-elles

2°. L'enfoncement des cavernes eſt une reſſource tout auſſi ruineuſe que la tranſmutation de l'eau. Le globe étant une fois conſolidé, les voutes des cavernes ſe ſont trouvé compoſées de ce roc vif, de ce verre pur qui avoit toute la dureté & la conſiſtance, du diamant; il faut des agens bien puiſſans & bien terribles pour produire de tels effets. Aujourd'hui que le globe n'eſt pas plus ſolide, l'enfoncement des cavernes ne ſe fait pas ſentir par la diminution de la mer. Si quelques iſles ont diſparu, on en a vu naître de nouvelles; ſi la mer pénetre dans quelques cavités, elle eſt repouſſée par des convexités, par des élevations, des monticules, des volcans que l'action des feux ſouterrains forme dans ſon ſein, par l'éboulement des terres, par des débris & des ruines de toute eſpece qui en rehauſſent le fond &c. Mais en recevant ſans objection l'enfoncement des cavernes, je ne vois là aucune liaiſon avec le décroiſſement de la mer; ces cavernes ne s'enfoncent pas périodiquement & ſuivant les progrès du prétendu décroiſſement. Suppoſons l'hiſtoire ou la fable de l'engloutiſſement de l'Atlantide (que nous examinerons en ſon tems); que s'enſuit-il ? La mer aura baiſſé conſidérablement; ſoit; mais c'eſt une chûte

---

font-elles pas toujours *eau* ?.... Quelle confuſion, quel combat ne met-on pas dans les idées, quand par goût pour la nouveauté & par je ne ſais quelle oſtentation ſcientifique on s'éloigne du ſimple & du vrai!

fubite & déterminée. Avant & après cette époque, un pareil événement n'a pas eu lieu, du moins il n'en refte ni monument, ni tradition. —— J'oublois de remarquer que les cavernes ont tenu bon durant toute la troifieme Epoque, & qu'elles ne font écroulées qu'à la quatrieme, *lorfque les eaux fe font retirées.* Devinera-t-on d'où vient tout-à-coup cette fragilité après une fi longue confiftance ?

Je ne parlerai pas d'une autre raifon que Mr. de Buffon donne de la retraite des eaux (p. 188), fuivant laquelle les eaux font reftées fur les montagnes en attendant que le refroidiffement des terreins bas leur permît de s'y rendre. Spectacle étonnant & bien plus anti-hydroftatique que celui des eaux de la Mer-rouge durant le paffage des Ifraëlites ! D'ailleurs, la retraite des eaux fait la quatrieme Epoque ; dès la troifieme les terreins bas avoient déja été couverts de bancs calcaires & d'argille par ces mêmes eaux. Je ne puis donc m'arrêter fur une explication que l'illuftre naturalifte ne peut avoir propofée férieufement.

Le premier événement de cette quatrieme Epoque eft donc un vrai myftere de phyfique, que fon auteur n'a pas daigné nous expliquer. Non, je ne vois nul moïen d'expliquer pourquoi ni comment *les eaux fe font retirées* (a). Comprendrons-nous

_____

(a) Quelle fatisfaction pour des Savans chrétiens, de pouvoir remplacer tant de vaines hypothefes

mieux que *les volcans aient commencé d'a-*
gir ?

Les volcans *pour agir* ont besoin de *charbon,*
P. 190. de *bitume, d'une quantité de végétaux pro-*
duits & détruits dans ces premiers tems. Or
nous avons vu que sur le verre pur rien n'a-
voit pu croître. Il n'y a donc eu ni végétaux, ni charbon, ni bitume (qui, suivant Mr.
de Buffon, en sont le produit). Mais en accordant au roc vif, au verre pur, inaltérable, le
pouvoir d'engendrer *cette quantité de végé-*
taux trop immense pour qu'on puisse se la
représenter, je ne comprends pas encore
comment ils ont pu croître ; & cela à cause
de ces mêmes volcans qui, *lorsque les eaux*
se sont retirées, ont commencé d'agir & ont
embrasé la cîme des montagnes qui se prê-
toit à la végétation, tout le reste du globe étant encore sous les eaux. Ces volcans,
il est bon de le savoir, étoient en très-grand
nombre, suivant nos modernes observateurs.
Il n'y a presque point de montagne sur le
globe qui ne soit volcanique. Mr. de Buffon assure qu'il y en a *cent fois plus d'éteints, que*
P. 192. *d'agissans* ; & si, comme on le dit, il y en a
encore aujourd'hui 500 en action ; en multi-
pliant

pothèses par la sage & satisfaisante physique des
auteurs sacrés ! En deux mots elle nous trace
l'idée la plus nette, la plus vraie, la plus sublime, la plus magnifique de l'empire de la terre & de celui de la mer, de leur séparation &
de leurs droits exclusifs. *Quoniam ipsius est mare,*
& ipse fecit illud, & aridam fundaverunt manus
ejus. Psal. 94.

pliant 500 par 100, on aura 50,000 volcans. Enfin *il y a eu des volcans presque
par-tout.* Où croissoit donc l'immense *quan-* P. 207.
tité de végétaux ? Je ne suis plus surpris qu'on
ne puisse pas se la représenter.

Mais, dira-t-on, les végétaux ont eu le
tems de croître durant des milliers d'années,
depuis la retraite des eaux, jusqu'à l'éruption des volcans. 1°. Ce n'est pas là ce que
nous annonce ici M^r. de Buffon, qui fixe
l'éruption des volcans à la retraite des eaux.
———— 2°. Si les eaux ne *se sont retirées qu'à
la quatrieme Epoque,* tous les végétaux attri-
bués à la troisieme font un être de raison,
il n'y a eu que des coraux & des plantes
marines, nés sans doute avec les coquillages
leurs concitoïens. ———— 3°. Les volcans ont dû
agir dès le moment de la retraite des eaux, &
même plutôt, s'il est vrai que *le fond de la
matiere électrique (* qui n'a rien de commun P. 194.
avec *le charbon, le bitume, & les végétaux)
est la chaleur propre du globe, dont les émanations continuelles produisent un feu très-
vif & de fortes explosions, dès qu'elles sont
détournées de leur direction, ou bien accumulées par le frottement des corps ; s'il est vrai
que les cavités intérieures de la terre, conte-
nant du feu, de l'air & de l'eau, l'action de
ce premier élément doit y produire des vents
impétueux, des orages bruïans, des tonner-
res &c.*

Faute de loisir je ne puis discuter en détail la théorie des volcans, telle qu'il plait à
M^r. de Buffon de l'établir. Je n'examinerai

pas fi effectivement le nombre des volcans a
été auffi prodigieux qu'il le dit (a):.... fi les
bafaltes font un indice bien affuré de volcan ,

(a) Je ne doute pas qu'il n'y ait eu autrefois
plufieurs volcans qui font aujourd'hui éteints ;
mais il faut convenir que le volcanifme eft devenu une efpece de maladie de tête & d'yeux
qui fait voir des volcans par-tout. Mr. Hamilton
en voyant de loin les Siebenburg qui font auprès de Bonn , a *été frappé de leur forme volcani-*
que , quoique ces montagnes n'aient rien qui
puiffe caractérifer un volcan, qu'il n'y ait aucune apparence de crater, & que plufieurs foient
couvertes des débris d'anciens châteaux. Diroit-
on bien en quoi confifte cette *forme volcanique* ?
Une montagne pour être volcanique, doit-elle
être pointue , ronde , triangulaire , polygone
comme les bafaltes, &c ? fa pente doit-elle être
douce ou rapide, le fommet aigu ou plan &c ?
——— L'Apennin , qui fuivant Mr. Dietrich ,
(dans fes notes fur les Lettres de Mr. Ferber)
eft *conftamment calcaire*, a paru évidemment volcanique à Mr. de la Condamine. ——— Mr. de
Limbourg , pour établir l'exiftence d'un volcan
près d'Andernach, cite un paffage de Tacite où
il ne s'agit pas du tout de volcan (*Mém. de*
l'acad. de Brux. t. 1. p. 397). Je ne refufe pas
de croire qu'il y a eu effectivement un volcan
dans cette contrée , mais il eft très-fûr que
Tacite parle d'un feu fuperficiel , produit par
des tourbes ou par quelques matieres pyriteufes,
tel qu'on a vu durant le cours de l'année derniere dans plufieurs contrées de Hongrie. Cela
eft fi vrai, que les payfans, au rapport du même
Tacite , éteignirent le feu à coups de pierres &
de bâton. V. *Tac. l.* 13. *c.* 57. ——— Mr. Cyro-
Saverio-Minervino , favant Napolitain , affure
que l'Odiffée & l'Iliade ne font que des defcrip-
tions allégoriques des volcans qui ont ravagé la
terre.

quoique ni l'Etna, ni le Véfuve, ni le Stron-
goli, ni l'Hécla, ni aucun volcan connu n'ait
jamais produit une telle cryftallifation (a),
quoique la direction des couches de bafaltes
foit évidemment oppofée à cette fuppofition
(b), quoique les raifons les plus fimples (c)

(a) Il ne s'agit pas de favoir fi dans les contrées voifines de ces volcans on a trouvé des
bafaltes, mais de prouver que telle éruption a
produit des bafaltes, que telle lave s'eft cryf-
tallifée de cette maniere. Or c'eft ce qu'on n'a
pas fongé encore à nous montrer. Depuis deux
mille ans qu'on connoit, qu'on obferve les laves de l'Etna & du Véfuve, aucune encore
n'a pris la figure de bafaltes.

(b) Mr. Faujas de St. Fond dans fes *Recherches*
fur les volcans éteints du Vivarais & du Velay,
parle d'une couche de bafaltes très durs & très-
noirs; " qui traverfe des monticules calcaires,
„ va s'enfoncer en terre fous une extrémité de
„ Ville-Neuve, defcend dans le vallon, & tou-
„ jours cachée en terre remonte la croupe d'une
„ autre montagne calcaire nommée la Chama-
„ relle, s'éleve jufqu'aux deux tiers de la mon-
„ tagne, où elle fe partage en deux branches,
„ dont l'une continue de remonter, & l'autre
„ prend une direction horizontale dans le cœur
„ de la montagne „. Je demande quelle lave ou
quel autre fluide a pris jamais une direction de
cette efpece? mais fur-tout un fluide auffi grave,
auffi pefant que la lave, peut-il monter & def-
cendre au gré du vent?.... Les bafaltes d'Un-
kel font dans la même fituation à l'égard des
Siebenburg, dont Mr. Hamilton les croit origi-
naires. Du fond du Rhin ils s'élevent jufqu'à la
montagne d'Oberwinter.

(c) Aux obfervations que je viens de faire,
ajoutez la hauteur des couches bafaltiques; celle
dont parle Mr. de Buffon, t. 2. p. 127, eft de

& les plus grandes autorités (a) s'uniffent
pour la détruire; & qu'il foit bien plus fimple

---

30 pieds; il y en a de beaucoup plus hautes.
Or quelle lave a eu jamais cette hauteur? quelle
régle d'hydroftatique peut tenir un fluide élevé
à cette hauteur fans qu'il foit foutenu, ou fans
qu'il fe répande à droite & à gauche? ⸺
Ajoutez ce que dit Mr. Faujas d'une couche de
bafaltes qui porte à nud fur une mine de charbon foffile, qui n'en a été ni allumé ni endom-
magé. ⸺ Ajoutez les bafaltes obfervés par
Mr. l'abbé Fortis dans la montagne de Calverina
près de Verone, qui étoient couverts d'une couche de terre graffe toute remplie de teftacées
marins. . . . . Si on ne trouve point de coquilles dans les bafaltes même, il ne s'enfuit pas
que le feu les ait détruits, ou que les bafaltes
foient l'ouvrage du feu. Mr. de Buffon reconnoit différentes caufes qui empêchent certaines
matieres de contenir des coquillages. Si le grés
p. ex. n'en contient pas, *c'eft*, dit-il, *que le fa-*
ble ne peut s'unir pour former du grés que quand
il eft pur, & que quand il eft mêlé de fubftances
d'un autre genre, ce mélange empêche la réunion.
Hift. nat. t. 1. p. 277. . . Le marbre noir eft fans
coquilles, quoiqu'abfolument calcaire.

(a) Mr. Guettard regarde les articulations des
fameux bafaltes d'Antrim comme une preuve
qu'ils ont pris naiffance dans l'eau. Mr. Valmont de Bomare & Mr. Romé de Lifle adoptent
le même fentiment *. Mr. Sage, cet homme fi
célebre parmi les chymiftes & les phyficiens de
ce tems, a réfuté ce que Mr. Hamilton a imaginé fur la production des bafaltes par le feu.
Voyez fes *Elémens de minéralog.* t. 1. p. 212, 309,
338; il va jufqu'à dire tout naïvement que *fi les*
volcans ont donné naiffance aux bafaltes, ces vol-
cans étoient différens de ceux d'aujourd'hui. Si
après cela il parle de je ne fais quelles *laves*
boueufes transformées en bafaltes, c'eft une efpece d'inconféquence dont les meilleurs efprits
ne font pas toujours exempts.

* *Effai de*
cryftallif. p.
259.--*Nouv.*
expof. du re-
gne min. t.
1. p. 219. 2e.
édit.

ple & plus naturel de croire que la figure des
bafaltes eft l'effet du retrait de la matiere détrempée lorfqu'elle s'eft fechée.——Je ne révo-
querai pas en doute s'il faut effectivement *le* P. 19*2*.
choc d'une grande maffe d'eau pour enflam-
mer les volcans, quoique M^r. de Buffon lui-
même nous apprenne que l'électricité fuffit
pour cela, & que dans deux paffages différens il ne demande que la fermentation des matieres pyriteufes (a):.... fi l'extinction des vol- P. 19*1*.
cans doit être attribuée *à la retraite des eaux,*
tandis que l'Etna s'eft éteint fur le rivage
même de la mer, & que le Véfuve, fuivant le P. de la Torre, fe difpofe à fuivre
fon exemple:....s'il eft univerfellement vrai P. 197.
que les tremblemens de terre font plus vio-
lents à mefure qu'ils font *plus voifins des vol-*
cans & des eaux de la mer (b):....fi l'eau de
la mer attife les volcans *par fes fels & fes*

_____

(a) Hift. nat. t. 1. p. 503 & 535. A la page
504 il enfeigne la maniere de faire des volcans
artificiels, fans faire aucune mention de l'agent
qui doit tenir la place de la mer. —— Les
volcans les plus éloignés font fouvent leurs éruptions en même tems; Gaffendi en rapporte un
exemple dans une éruption de l'Etna & du mont
Semus en Ethiopie; Woodward & Kircher ont
fait des obfervations femblables. A quel coup de
mer peut-on attribuer une efficace fi puiffante
& fi étendue?

(b.) La ville de Comorre qu'un tremblement
de terre renverfa en 1763, eft éloignée de
cent lieues de la mer. —— Quelle horrible
fecouffe que celle qui enterra fous une vafte
montagne la ville de Pleurs! Cependant quel
volcan, quelle mer y avoit-il dans le voifinage?

huiles graffes p. 197, & qu'en même tems
elle les *éteint immédiatement* p. 191: ... s'il eft
vrai que *la mer venant à flots remplir la
profondeur des terres affaiffées, met en action les volcans foufmarins* p. 207; & qu'en
même tems elle les éteint parce qu'*elle fe
précipite à flots jusques dans leur foïer* p. 191:
.... s'il eft raifonnable d'attribuer aux volcans
toutes les matieres qui ne font ni argilleufes,
P. 202. ni calcaires, ni végétales (a) &c. &c. Tous ces
articles pourront être difcutés avec plus de fuccès par des gens qui en auront fait une étude
particuliere, & qui jugeront à propos d'en entreprendre l'examen; pour moi, je m'arrête à
l'argument que Mr. de Buffon tire des volcans
T. 2. p. 77. en faveur de la fécondité de la roche primitive, & en faveur de l'antiquité du monde.
Je les difcuterai tous deux en peu de mots.
Le premier eft fondé fur la fécondité des laves.
    Les laves devenues fécondes avec le tems font
P. 208. *une preuve invincible que la furface primitive
de la terre d'abord en fufion, puis confolidée,
a pu devenir féconde.* De quoi font compofées les laves? En quoi confiftoit le roc
primitif? Les laves font compofées de toutes
les matieres que le volcan a pu réduire en

_____

(a) En recherchant l'origine des matieres dont
le caractere n'eft point affez marqué, on ne
fauroit trop fe rappeller la réflexion de l'abbé
Raynal que j'ai tranfcrite ci - deffus page 98;
rien n'eft plus propre à arrêter toute décifion
précipitée & téméraire fur la formation de tant
de fubftances fouterraines qu'on ne peut, fans
être afjervi aux fyftêmes, attribuer ni aux volcans, ni au déluge, ni à une prétendue conflagration, ni à un océan univerfel ou fucceffif.

fluide ; foufre, bitume, alun, parties métalliques, &c, mêlées & épaiffies avec des
parties calcaires, argilleufes, végétales, des
cendres, des fables, &c. Delà, fuivant la nature des mélanges & les degrés de proportion,
quelques laves font des engrais ; celle de l'Hécla a conftamment engraiffé les terres jufqu'en
1774, quelle a paru les détériorer ; d'autres,
fans être des engrais, font poreufes, tendres
& légeres ; celle du Véfuve eft pour l'ordinaire compacte & folide, & par-là peu propre à être fécondée. M^r. Brydone en a vu qui
après 14000 ans (fuivant le calcul de ce
voïageur) n'avoit pas encore changé de nature. —— Le roc primitif eft un verre pur,
la plus réfiftante, la plus inaltérable de toutes
les matieres, qui réfifte à tout l'art de la chymie ; & qui par conféquent n'a aucun rapport
avec les laves.

A cela ajoutons deux confidérations bien
fimples. 1°. Au tems du roc primitif il n'y
avoit rien au monde pour le féconder, quand
même fa nature n'eût point été abfolument
apyre. Il n'y avoit ni germe, ni terre végétale. Les laves peuvent fe couvrir de terre ; fi
elles contiennent beaucoup de matieres propres
à la végétation, elles peuvent fe diffoudre &
devenir fécondes en elles-mêmes, des germes
de toutes les efpeces font prêts à fe rendre & à
fe développer dans ce nouveau fol.

2°. Puifque les dunes d'Angleterre & de
Flandre, les rocs du Krapach, les fables du
Biledulgérid environnés de tous les principes
de fécondité que l'air & l'eau leur portent en
quantité, reftent toujours ftériles, il paroit que

M^r. de Buffon n'eût pas dû parler de la fécondité des laves, ni en tirer une conféquence
combattue par des objets fi vaftes & fi connus.
Voïons fi les laves prouveront mieux la haute
antiquité du monde.

T. 2. p. 77.   *A Catane près d'une voute qui eft à pré-*
fent à 30 pieds de profondeur, on voit un
endroit efcarpé où l'on diftingue plufieurs
couches de lave avec une de terre très-épaiffe
fur la furface de chacune. S'il faut deux
mille ans pour former fur la lave une légere
couche de terre, il a dû s'écouler un tems
plus confidérable entre chacune des éruptions
qui ont donné naiffance à ces couches. On a
percé à travers fept laves féparées, placées
les unes fur les autres, & dont la plupart
font couvertes d'un lit épais de bon terreau;
ainfi la plus baffe de ces couches paroit s'ê-
tre formée il y a quatorze mille ans. C'eft
ainfi que raifonne le favant naturalifte d'après
M^r. Brydone. D'abord ce calcul de deux mille
ans, devenu général pour toutes les laves, paroit
affez plaifant. S'il s'agiffoit de la diffolution & de
la réduction des laves en terre, on ne pourroit,
comme je viens de le montrer, rien ftatuer fans
connoître les matiéres dont la lave eft compofée; l'une fera un engrais, tandis que l'autre ne fera qu'une pierre folide qui dans 5
mille ans ne fera pas plus féconde qu'au jour
qu'elle fortit du crater. Mais on voit qu'il s'agit
précifément de *former une légere couche de*
terre fur la lave; & dans ce fens le calcul
des deux mille ans eft parfaitement ridicule.
Qui ne voit pas que cela dépend de la fitua-

tion

tion de la lave, dans un lieu haut ou bas, dans un païs défert ou cultivé? La lave n'a ordinairement que peu de largeur. Le cultiva-teur dont elle a ravagé le champ, feroit bien bon s'il attendoit *deux mille ans*, pour fe défaire d'une barre qui traverfe fon terrein, & qui gêne fes opérations; il la recouvre, au moins par un travail fucceffif. —— Les volcans jettent fouvent des nues de cendres & de terre, qui retombant fur la lave, la rendent fertile en un inftant.——Ajoutons un fait reconnu, qui réfutera cette creufe fupputation mieux que tous les raifonnemens. *Les fouilles d'Hercula-num*, dit un homme qui ne peut être fuf-pect (a), *fe font à foixante & dix, & même jufqu'à* 112 *pieds au-deffous de la fuperficie actuelle du terrein; pour arriver à cette pro-fondeur, on ne traverfe que des couches vol-caniques entrelacées de petites couches de terre végétale.* Voilà la folution de toutes les diffi-cultés. Il n'y a pas 1700 ans qu'Herculanum étoit une belle ville, très-floriffante & très-luxurieufe; aujourd'hui elle eft 112 *pieds au-deffous de la fuperficie actuelle du terrein, couverte de couches volcaniques entrelacées de petites couches de terre végétale.* L'efpace de 1700 ans fuffit donc pour opérer le phéno-
mene

(a) Mr. le baron de Dietrich dans fes notes fur les *Lettres de Mr. Ferber*, p. 174. Après avoir joint fes efforts à ceux de Mr. Ferber pour prou-ver par les laves l'extrême antiquité du monde, il fait l'obfervation que je tranfcris ici, & qui anéantit toutes fes prétentions.

L

même, pour lequel M^r. Brydone & M^r. de Buffon demandent 14000 ans. Que dis-je ? Les 7 couches de M^r. Brydone, n'occupent que 30 *pieds en profondeur*, & font féparées *par une couche de terre très-épaiffe* : Que de couches de lave n'y a-t-il donc pas dans les 112 pieds de matiere qui couvre la ville d'Herculanum ? Couches qui ne font féparées que par *de petites couches de terre végétale* ! .... Et cependant celles-ci fe font accumulées les unes fur les autres, en moins de 1700 ans; les autres en fuppofent 14000. O manie de fyftêmes ! ô prurit fatal des paradoxes, qui obfcurcit à ce point non-feulement le raifonnement de l'homme, mais fes fens & fes yeux ! (a)

Les anciens volcans éteints dont la mémoire s'eft perdue, ne prouvent pas plus que les laves l'antiquité du monde. On ignore ce qui fe paffa chez les Germains avant l'hiftoire de Tacite, & ce n'eft que depuis la conquête des Gaules par Jules-Céfar, que l'on fait un peu ce qui s'eft paffé dans l'intérieur de ces provinces. Dans les païs mêmes & les tems

___

(a) Un naturalifte très-habile & bon obfervateur (Mr. Faujas de St. Fond, *Recherches fur les volcans éteints du Vivarais & du Velay*) réfute toutes ces imaginations d'une autre maniere. Il prétend que la lave fe fraie des routes fous terre; d'où il doit arriver que les couches, fans être fort anciennes, foient les unes fous les autres. Cette affertion peut être vraie ; mais j'ai préféré de me tenir à des faits connus & aux lumieres du fimple bon fens.

tems, où il y a eu une foule d'hiftoriens &
d'écrivains en tout genre, on a négligé d'é-
crire les événemens les plus mémorables; ou
les écrits, qui en faifoient mention, ne font
pas parvenus jufqu'à nous? Lors de la formation de la mer de Harlem, du Zuiderzée,
de la grande révolution arrivée dans le cours
du Rhin, il y avoit des écrivains dans toute
l'Europe, la Flandre & la Hollande n'en manquoient pas. Cependant l'époque de ces cata-
ftrophes eft fi incertaine, qu'en 1776 la fociété littéraire de Harlem propofa un prix
pour quiconque la détermineroit. Il eft néanmoins bien conftant que ces événemens mémorables qui ont englouti tant de villes &
de villages, ne font pas reculés au-delà de
plus de quatre à cinq fiecles (a). Que peut donc
conclure Mr. de Buffon du filence des auteurs
fur les volcans? ——En 1301 il y eut une terrible éruption d'un volcan dans l'ifle d'Ifchia,
elle dura deux mois; il y périt tant d'hommes & d'animaux, que les habitans furent
obligés de fe fauver en terre ferme. Voilà un
événement affez récent & affurément bien
digne d'avoir un hiftorien. Cependant fans un
certain *Francifco Lombardi*, on l'ignoreroit
abfolument. Les hiftoriens les plus célebres de

_____

(a) L'inondation qui déplaça le Rhin paroît
être plus ancienne, & pourroit dater du neu-
vieme fiecle. Mais qu'eft-ce qu'un tel efpace de
tems à l'égard de l'âge des volcans éteints? Et
cependant toutes les hiftoires du tems fe tai-
fent fur ce grand événement.

ce tems , ceux même d'Italie, n'en difent pas le mot.———Il en eft des phénomenes naturels & des accidens arrivés à notre globe, comme des héros & des hommes autrefois célebres , dont nous ignorons jufqu'au nom , malgré le grand bruit qu'ils ont fait dans le monde.

> *Vixére fortes ante Agamemnona*
> *Multi ; fed omnes illacrymabiles*
> *Urgentur, ignotique longâ*
> *Noste, carent quià vate facro.* Hor.

A cela on pourroit ajouter bien d'autres confidérations qui prouveroient de plus en plus qu'un obfervateur ne doit être occupé d'aucune idée exotique. 1°. Ces volcans ont exifté dans des pais alors très - déferts , & n'ont caufé ni ravage, ni cataftrophe mémorable. 2°. Ils peuvent n'avoir fait qu'une feule éruption , & s'être éteints après avoir jetté des flammes l'efpace de quelques heures ou de quelques jours , comme le *Monte-nuovo* , volcan qui s'éleva près de Naples le 27 Septembre 1538 , & dont l'éruption ceffa le troifieme jour, fans s'être renouvellée depuis. Ce font fur-tout les volcans éloignés de la mer, qui dans les principes de Mr. de Buffon, n'ont qu'une très-courte exiftence. 3°. Que fait-on fi cette multitude de volcans, fuppofé qu'elle foit réelle (a), n'a pas été

_____

(a) En examinant toutes les productions prétendues volcaniques , comme nous avons examiné les bafaltes, que les volcaniftes affûrent
être

une fuite de la grande révolution opérée dans notre globe par le déluge; si les eaux fouterraines forties de leur demeure pour s'unir à celles du ciel, n'ont pas laiffé au feu un effor trop puiffant & trop libre (a) ? &

être la preuve la plus indubitable d'un volcan, le nombre de ces montagnes ignées diminuera à vue d'œil. Le favant Waller obferve que les pierres regardées en Italie comme volcaniques, ne le font réellement pas. Déja le *travertino*, fuivant Mr. le B. Dietrich, n'eft qu'un tuf calcaire. Nous avons vu que le vafte corps de l'Apennin, qui ne peut échapper aux yeux d'un obfervateur, étoit volcanique pour Mr. de la Condamine, & calcaire pour Mr. Dietrich..... Encore quelque tems, & la marotte des volcans fera au rebut comme celle des bilboquets & des pantins.

(a) Quoique je ne propofe cette idée que comme une probabilité propre à rendre raifon des anciens volcans, on me permettra d'obferver qu'elle eft conforme à la théorie du feu fouterrain telle qu'elle eft reçue dans la bonne phyfique. Pline le naturalifte, ce grand obfervateur des volcans, & après lui prefque tous les phyficiens ont reconnu la force du feu fouterrain & les entraves que le Créateur lui avoit mifes. *Excedit profecto omnia miracula, ullum fuiffe diem in quo non cuncta conflagrarent.* Hift. natur. l. 2. — "Toute " la nature cependant eft réellement pleine d'un " feu très actif auquel Dieu donne un frein juf- " qu'à ce qu'il foit tems de le laiffer agir en " toute liberté ". Spect. de la nat. t. 3. === *Nifi ambitu oceani & omnipotentis Dei juffu cohiberetur, univerfam elementaris naturæ molem in inextinguibile traheret incendium.* Mund. fubt. part. 1. lib. 4. cap. 2. Corol. 3. ==== La mer, fuivant Mr. de Buffon, eft un des grands adverfaires du feu fouterrain ; elle éteint même les volcans fi elle peut pénétrer *dans leur foïer par les routes que le feu s'ouvre pour en fortir.* P. 191.   L 3

que rentrant ensuite avec impétuosité dans
leurs anciennes habitations, elles l'ont obligé de céder, de se faire des issues, en même tems que, suivant la doctrine de M^r. de
Buffon, elles l'attisoient & lui donnoient une
impulsion terrible. En ce cas, la plupart de
ces volcans suivant de près l'époque du déluge, n'ont sans doute pas trouvé d'historien
pour décrire leurs effets, & l'on ne doit pas
s'étonner s'il n'en existe pas d'autres monumens que ceux qu'ils se sont élevés eux mêmes (a).

P. 207, &
197.

Après nous avoir instruits de tout ce qui
regarde la naissance & les opérations des volcans, M^r. de Buffon revient aux eaux. Il nous
tracé de la maniere la plus pittoresque la formation des montagnes & des vallées. Les angles rentrans & saillans, cette idée chérie &
tout aussi vivement conçue que la perte des
cornes d'ammon *, triomphe particulierement
dans la carte des environs de Langres, où
l'on voit le comté de Buffon. C'est un pro-
cès verbal dressé sur les lieux. Par malheur il
date de 3 ou 4 mille ans (30 ou 40 mille

P. 212.

*Ci-dessus,
p. 131.

(a) Je prie mes lecteurs de ne pas improuver
que je répete ici, ce que j'ai déja dit ailleurs
sur cette matiere; je ne puis l'omettre sans affoiblir mes preuves; & je ne puis renvoyer à
des observations qui peut-être ne sont pas assez
répandues pour qu'on puisse aisément les consulter.

felon les *Epoques*) après le fait qu'il s'agit
de conftater. L'illuftre obfervateur le regarde
néanmoins comme une pleine démonftration
de fon fyftême ; pour moi qui ai *des vues*
plus *petites* (p. 223), je n'y ai rien apperçu qui pût me convaincre.

D'abord j'ai dans cette affaire un préjugé,
j'en conviens de bonne foi. Dans le premier fyftême, expofé dans le 1er. volume de *l'Hiftoire naturelle*, Mr. de Buffon avoit vu ces angles rentrans & faillans dans toutes les montagnes, dans toutes les vallées, parce qu'il
les croioit toutes l'ouvrage de l'eau. Dans les
Epoques, ce ne font plus que les montagnes
calcaires qui préfentent cette intéreffante dif-
tribution des angles ; les montagnes primitives, le roc vif, étant devenus l'ouvrage du
feu, n'ont plus rien eu de commun avec les
opérations de l'eau, & Mr. de Buffon a celfé
d'y voir ces angles qui le raviffoient autrefois.

L'illuftre naturalifte a toujours joui de cette
heureufe maniere de voir. Jamais la nature
en grand ni en petit ne lui a refufé le fpectacle néceffaire à fes hypothefes. En veut-on
une preuve plus frappante encore que celle
des angles ? La voici.

On connoit les vaftes chaînes de montagnes,
ces *afpérités* de notre continent, qu'on appelle Pyrénées, Alpes, Krapach, Caucafe,
Taurus, Atlas, Montagnes de la lune &c.
Autrefois Mr. de Buffon fouhaitoit pour certaines raifons qui tenoient à fes hypothefes
de ce tems-là, que l'altiere croupe de ces

montagnes s'étendît du midi au nord, &
prouvât d'une *maniere* bien *démonstrative*,
ce qu'on avoit à prouver alors. Aussitôt ces
complaisantes *asperités* prirent la situation dé-
sirée, comme on peut voir dans le second
volume de *l'Histoire naturelle*, p. 17. Mais
les choses ont changé depuis; on a été dans
le cas de supposer qu'au lieu de s'étendre du
nord au midi, les grandes chaînes de montagnes prenoient leur direction d'orient en occident; & sans résistance la chose s'est faite
ainsi (*Epoq.* p. 440.). Or si des montagnes
de 2000 toises de hauteur & de quatre mille
lieues d'étendue, sont sujettes à de telles al-
ternatives, peut-on s'étonner si de simples angles ont souffert quelque petite révolution ?

Cependant il y a des gens auxquels ces angles ont donné de l'humeur. Entr'autres un certain Mr. Pallas, que Mr. de Buffon appelle *un
savant naturaliste* (p. 336.), & qui dans des
Observations sur les montagnes n'a point
craint de dire : " Plusieurs de ces hypotheses,
telles que celles de Mr. de Buffon, sont fondées sur des observations purement locales &
des causes particulieres; les auteurs s'épuisent
en systêmes, en suppositions à perte de vue.
Ces créateurs en imagination n'ont jamais
vu de leurs propres yeux ce dont ils parlent;
c'est dans leur cabinet qu'ils arrangent le monde comme ils voudroient qu'il fût, & selon
le besoin de leurs systêmes. „

Quoiqu'il en soit, la sinuosité des vallées
étant nécessaire à la conservation du globe &

au bien-être de ses habitans (a), elle n'a pu
échapper aux vues de la Providence ; & cette
sinuosité suppose assez communément des angles rentrans opposés aux angles saillans, quoique rien ne soit moins général, sur-tout quand
les vallées ont une certaine largeur. Mais ce
qu'il y a de très-certain, c'est que jamais la
mer de M^r. de Buffon n'a pu sillonner la
surface du globe, jamais elle n'a pu former
un seul vallon.

Imaginez une mer universelle, & conséquemment pacifique, comme je l'ai fait voir *,
qui n'a d'autre mouvement que celui des marées dont l'action ne se fait pas sentir au
fond ** (car pour le mouvement du midi
au nord, dont il n'existe ni cause ni preuve, il faut le regarder comme purement imaginaire). Quel changement fera une telle mer
sur le globe qui la porte ? M^r. de Buffon a
compris lui-même qu'il n'en falloit rien es-
pérer en faveur de la correspondance des angles ; aussi est-ce à la chûte & au décroissement
des eaux qu'il attribue aujourd'hui cette opération, c'est quand *les eaux se sont abaissées*,
que les courans ont creusé les vallées avec le sym-
métrique

* Ci-dessus, p. 124.

** Ci-dessus p. 125.

P. 215.

(a) Les vallées destinées à l'écoulement des
eaux & à la marche des fleuves, devoient rai-
sonnablement être figurées de la sorte ; si elles
étoient droites, la rapidité des rivieres mesurée
sur une pente énorme ravageroit la terre ; de
grandes plages, où les sinuosités des eaux portent l'agrément, la fécondité, les richesses du
commerce, seroient dévouées à l'aridité & à l'in-
digence &c.

*Autrefois c'étoit l'effet des courans ordinaires. Hist. nat. t. 2. p.

métrique arrangement des angles*. Mais il me semble que les eaux de Mʳ. de Buffon n'ont pas eu plus d'efficace dans leur retraite que dans le tems de leur empire universel.

Qu'on me dise qu'au tems du déluge toute la masse des eaux qui forme l'océan, poussée par l'action infinie du Tout-puissant est sortie de ses profonds abymes, & s'est portée avec une immense vitesse sur tout le continent; que se divisant successivement par la résistance des hautes chaînes de montagnes en une infinité de courans irréguliers, tantôt divergens, & tantôt convergens, elle a creusé des vallées à angles alternativement saillans & rentrans; qu'on me dise que cette même masse d'eau se précipitant dans l'espace de quelques mois de la hauteur de 15 coudées au-dessus des Cordelieres, jusques dans l'abyme des mers, a fait par la violence inconcevable des courans, dans une terre détrempée & amollie, des sillonnemens de tous les genres; ces effets me semblent parfaitement assortis à la cause (a). Mais quand je lis qu'une mer qui emploie 20 mille

(a) Il est fort apparent que c'est effectivement au tems de leur chûte, plutôt que durant leurs premiers ravages, que les eaux ont formé la plupart des vallées qui existent aujourd'hui. On voit dans les *Mémoires de l'académie de Bruxelles*, t. 1. p. 291, une dissertation de Mʳ. de Limbourg, où cet académicien prouve cette opinion par des observations multipliées, & la carte topographique d'une contrée du pays de Liege; je voudrois seulement qu'il eût appuyé davantage sur la rapidité & la force des eaux durant leur retraite

mille ans à baiffer de la hauteur de deux mille
toifes, a par l'action de fes courans,
creufé des abymes, élevé des montagnes, deffiné les vallées, formé en un mot, la furface
actuelle du globe; c'eft-là pour moi un
myftere où je ne comprends rien (a), & j'ofe douter que l'illuftre naturalifte lui-même
y comprenne quelque chofe. Le génie ne
peut rien contre des notions fimples & claires:
lorfqu'enhardi par des fuccès brillans, ébloui
par l'éclat de fa gloire, il tourne fes efforts
contre la vérité, contre les droits impref-
criptibles de la raifon, il fent tout auffi bien
fon impuiffance que les intelligences vulgaires.

Nequidquam avidos extendere curfus
Velle videmur, & in mediis conatibus ægri
Succidimus. Æneid. 12.

---

traite, & fur l'état de la furface de la terre, devenue d'une mobilité & d'une foupleffe étonnante, après les dégâts incompréhenfibles d'un
océan de courte durée, mais univerfel & furieux.

(a) Qu'on fe figure un vafe grand comme le Pic
de Teneriffe, au fond duquel il y auroit un petit trou par où l'eau s'écouleroit, de maniere à
ne vuider le vafe que dans 20 mille ans; qu'on
juge du mouvement de cette eau, & l'on aura
une idée exacte des courans produits par la mer
décroiffante de Mr. de Buffon.

═══════════════════════════════

CINQUIEME EPOQUE

Lorsque les éléphans & autres animaux du midi ont habité les terres du nord.

P. 236.

CE n'est que l'an 60,000 , à dater depuis la sortie de la terre hors du soleil , que ces beaux & grands animaux sont venus occuper les contrées du nord. Où étoient-ils auparavant ? de quelle plage sont-ils partis pour se rendre dans les montagnes de la Sibérie , dans les rochers du Spitzberg ? où ont-ils pris naissance ? à quelles causes doit-on leur existence ? C'est ce que l'histoire de cette *cinquième Epoque* ne nous enseigne pas. Mais quand on est bien instruit de la puissance des *molécules organiques, vivantes, actives par elles-mêmes ;* on n'est point embarrassé à répondre à toutes ces questions. Déja elles avoient produit des animaux à coquilles ; il y avoit 25 ou 35 mille ans ; quelques mille ans après , elles avoient fait croître *une immense quantité de végétaux.* Faut-il s'étonner si elles ont fait des éléphans , des rhinocéros , des hyppopotames , &c. ?

P. 189. D'ailleurs les païs du nord possédoient alors *la chaleur & l'humidité , ces deux principes de toute fécondation ,* avec cela les molécules ne pouvoient manquer de faire des merveilles.

Si on demande en quoi consiste proprement

la nature de ces *molécules organiques*, je réponds d'abord qu'elles sont *indestructibles*, & qu'elles nous viennent du soleil toutes *vivantes*; mais tout *indestructibles* qu'elles sont, elles mourront dans le froid. En 168000, il n'y en aura plus une seule en vie. —— De plus avec *la chaleur & l'humidité*, elles *établissent la nature* par-tout, excepté sur certains sables, rochers &c, où depuis quatre mille ans il ne croît rien du tout, même dans les climats où *la chaleur & l'humidité se trouvent réunies au plus haut degré*, sans qu'on puisse bien dire pourquoi. ——*Toujours actives*; lorsqu'elles ne sont absorbées par aucun moule déja subsistant, elles *forment des espèces nouvelles qui ne ressemblent pas aux autres*; & cependant le *même degré de chaleur produit par-tout les mêmes plantes*; & cependant elles ne forment rien de *nouveau* dans les déserts arides où il n'y a point de *moule subsistant*, dans les immenses nudités de la Tartarie, de l'Arabie, du Zara, du Monomotapa & du Monoemugi.

P. 264.

P. 189.

P. 189.

P. 265.

P. 268.

Enfin pour en prendre une idée bien précise & bien claire, pour *se représenter la marche de la nature, & même se rappeller l'idée de ses moïens*; il suffit de savoir que *les molécules organiques vivantes ont existé dès que les élemens d'une chaleur douce ont pu s'incorporer avec les substances qui composent les corps organisés*. Rien assurément de plus intelligible, ni de plus conséquent. Les *molécules organiques* qui sont l'origine des *corps organisés, ont existé* dès le moment qu'elles ont pu s'incorporer à ces *corps*, c'est-à-dire, aux

P. 164.

substances

substances qui les composent. En un mot, les molécules ont existé avant les *corps organisés*, parce qu'elles en sont le principe ; & elles ont existé après, parce qu'elles ont dû s'y *incorporer*. A cela ajoutez *les élémens d'une chaleur douce*, & vous aurez la théorie la plus profonde & la plus lumineuse de la création des éléphans (*a*).

Mais où M.ʳ de Buffon a-t'il puisé la doctrine sublime de ces toutes-puissantes molécules qu'on peut regarder comme la grande base sur laquelle repose l'édifice de ses hypothefes ? Dans l'ouvrage d'un homme qui étoit bien éloigné de prévoir l'usage qu'on feroit de ses opinions, & qui les auroit anathématisées s'il avoit sçu à quoi elles serviroient un jour ; je veux dire le P. Kircher, que l'illustre naturaliste ne cite pas, mais qu'il suit pas à pas, & qu'il copie même souvent d'une maniere à ne laisser aucun doute sur la source où il a puisé. Qu'on examine attentivement la *Panspermia* du Jésuite allemand, & ses rapports avec les molécules du naturaliste françois ; qu'on compare un système avec l'autre, on trouvera que c'est exactement la même chose. A cela près que le Jésuite ne donne pas au *semen*

(*a*) On ne peut réfuter ce système avec plus de force, de clarté, d'ordre & d'évidence que l'abbé de Lignac, dans ses *Lettres à un Américain*, t. 2. *p.* 3. & *suiv.* Il fait servir admirablement tous les principes de la bonne physique à l'examen de cette matiere, & entre dans un détail que je ne puis me permettre.

univerfale. la puiffance de produire des coquillages & des elephans , quoique , felon-lui ,
elles fervent à les perpétuer , & qu'il foit le
grand principe de la génération ; fuivant les
régles établies dès le commencement du monde
par une Providence infinie , auffi admirable
dans la fimplicité que dans l'efficace de fes
moiens.

Tel eft le fyftême de Kircher , que je ne
crois pas plus vrai que tant d'autres , vaine-
ment imaginés par des génies du premier ordre , pour expliquer le myftere profond de la
réproduction des êtres (a) ; & c'eft celui que
Mr. de Buffon a adopté , en le mutilant &
en le dépouillant de tous les rapports qui pouvoient le rendre raifonnable. L'ouvrage du Jéfuite étant écrit en latin , langue aujourd'hui
inconnue à la plûpart des lecteurs , je ne mul-
tiplierai pas les citations , je me contenterai
de tranfcrire quelques paffages & d'indiquer les
autres.

(a) Les plus grands phyficiens de tous les tems
& de toutes les nations conviennent des ténebres épaiffes & invincibles qui enveloppent la réproduction & la fucceffion des êtres vivans &
végétans. J'ai raffemblé ailleurs les aveux les plus
propres à décourager de nouveaux fyftémateurs *.
Toutes les hypothefes inventées fur ce fujet répandent moins de clarté , & font moins fatisfaifantes pour un efprit folide que ce peu de paroles de la Genefe : *Crefcite , & multiplicamini.*
——*Cujus femen in femetipfo fit fuper terram.*
Gen. I.

* Catéch.
phil. p. 73.
édit. de
1777.

"Les parties organiques toujours subsistantes sont reprises par les corps organisés, d'abord repompés par les végétaux, ensuite absorbés par les animaux qui se nourrissent de végétaux. Elles constituent la vie, & circulant continuellement de corps en corps, elles animent tous les êtres organisés,, *Hist. nat.* T. XIII. p. *viij.*

"De la réunion de ces parties organiques renvoiées de toutes les parties du corps de l'animal se fait la réproduction toujours semblable à l'animal, dans lequel elle s'opere,, T. II. p. 256.

" C'est en quoi consiste l'essence de l'unité & de la continuité des especes, qui dès-lors ne doivent jamais s'épuiser, & qui dureront autant qu'il plaira à celui qui les a créées de les laisser subsister,, T. II. p. 258.

" Cette matiere vivante

Hinc vegetabilia hunc liquorem per radices attractum distribuunt in omnium plantarum membra. 330. *Per continuam attractionem nutrimenti successiva alternaque generationis series tum plantarum tum animalium propagantur.* Mund. subt. pte. 2. p. 332. Edit. d'Amsterd. 1664.

Quod uti ex omnium membrorum spiritu constituitur, ita quoque aptum ex se & sua natura redditur ad simile ei a quo decidit, producendum. 334.

In qua virtute latet potentia & virtus quædam multiplicativa suorum similium, quæ nunquam defectura erat.... & propagabitur usque ad ultimam mundi consummationem. 330.

Cùm enim natura

ne peut demeurer oisive, | ra otiosa stare non
parce qu'elle est toujours | possit, semper ali-
agissante & qu'il suffit | quid molitur & fa-
qu'elle s'unisse avec des | bricat, & pro condi-
parties brutes pour for- | tione seminis adsci-
mer des corps organisés ,, | titii plasmat. Pte. 2.
T. XIII. p. *ix*. | p. 349.

On peut consulter les deux ouvrages & les
comparer, sur-tout, *Mund. subt.* Pte. 2. p. 30.
31. 32. 33. 34. 35. &c. &c; *Hist. natur.* T.
XIII. p. *vij. viij. ix.* &c. &c. (a).

Une autre espece de transcription pourroit
faire l'objet d'une considération plus sérieuse,
si le fait étoit bien constaté. Le respect dont
je suis pénétré pour l'illustre écrivain, & la
crainte que j'ai de compromettre sa gloire avec
des imputations graves, m'empêchent d'ajouter une entiere foi à une lettre imprimée depuis plusieurs mois, & connue dans toute la
France, contre laquelle personne ne s'est encore élevée. Il s'agit d'un ouvrage manuscrit

---

(a) Je pourrois sans peine multiplier & varier
ces sortes de paralleles, si je vivois comme autrefois au milieu des livres, où j'avois à la
main des citations de tous les genres. La complaisance qu'ont pour moi quelques possesseurs de
riches bibliotheques, n'empêche pas que je ne
doive mettre bien du tems à me procurer les
differens ouvrages nécessaires à l'exacte vérification des choses. Je dois le plus souvent me contenter des notes & des extraits que j'ai faits
dans le tems où j'en avois des moiens plus ai-
sés & plus prompts.

M

d'un athée fameux (Boulanger), qu'on dit
avoir été en grande partie copié par l'auteur
des *Epoques*. Voici la lettre, que je tranfcris
fidélement, telle qu'elle eft dans le *Journal*
de Littérature, des Sciences & des Arts, pu-
blié *fous les aufpices du Roi & de la Reine*.

Année
1779. n. 19.
p. 53.

Je vous prie, Monfieur (l'abbé Grofier,)
d'inférer, dans votre Journal, le fait dont je
vais avoir l'honneur de vous inftruire ; c'eft
que Mr. le comte de Buffon a fingulierement
profité, pour fon livre des Epoques de la nature, *d'un ouvrage manufcrit de Boulanger,*
intitulé : Anecdotes de la nature.

Le commentaire des premiers verfets de la
Genefe eft entierement de Boulanger, dont
les idées fyftématiques font totalement re-
fondues dans l'ouvrage de Mr. de Buffon, qui
y a réuni fon fyftême particulier. Ce manuf-
crit qui eft refté long-tems entre mes mains,
& qui a paffé dans celles de Mr. de Buf-
fon, étoit de format in-40. avec dix fept car-
tes. Il appartenoit à Mr. Burdin, qui de-
meuroit à Tours. Mr. Dutens me le fit re-
mettre : je voulus le faire imprimer au pro-
fit des héritiers de l'auteur ; je m'adreffai
à Marc-Michel Rey, qui m'a répondu deux
lettres à ce fujet. Par la lecture de ce ma-
nufcrit, je vis que les opinions religieufes,
n'y étoient point conformes à la vérité évan-
gélique, & qu'il augmenteroit la collection,
inutile à l'humanité, des opinions philofophi-
ques. Je le prêtai à Mr. Lattré, géographe-
graveur, qui en fit voir ou copier les car-
tes à Mr. Bonn. J'ai fait voir le manuf-
crit

erit à Mrs. *Mauduit*, professeur du col-
lége roïal, le *Begue de Prêle*, l'abbé *le
Blond*, &c. &c. Mr. *Desmarets*, de l'académie des Sciences, l'a gardé plus d'un an entier. *Boulanger* expose dans cet ouvrage sa théorie de la terre, dans laquelle il attribue la formation des montagnes à l'éruption * des grands
bassins ; celui de la Marne est pris pour exemple.

La carte gravée dans l'ouvrage de Mr.
de *Buffon*, est une de celles qui accompa-
gnoient le manuscrit ; les autres ne sont
pas moins curieuses, & elles sont très-joli-
ment dessinées. C'est Mr. *Dutens* qui m'a
demandé ce manuscrit, pour le remettre à
Mr. le comte de *Buffon* ; j'ai été surpris
de le trouver en partie sous son nom. Voici
la note que *Boulanger* avoit écrite sur une
feuille volante, & qu'il avoit mise en tête
de son manuscrit ; j'ai conservé cette feuille:

„ La premiere partie de cet ouvrage est
„ assez complette ; c'est un ouvrage de jeu-
„ nesse, qu'il falloit retoucher, mes idées
„ aïant changé. (*Ce sont les Epoques de
„ la nature.*) " La seconde partie contient
„ les premieres lueurs de mon système géné-
„ ral sur l'histoire des hommes, sur - tout
„ sur la partie religieuse. La partie politique
„ est ailleurs sous le titre d'origine du des-
„ potisme, & je travaillois à réunir le tout
„ sous le titre d'*Anecdotes sur l'histoire de
„ l'homme*, & j'aurois fait un ouvrage par-
„ ticulier de ce qu'il y a de physique dans
„ ce présent recueil „. *Si l'on nioit le fait
que j'allegue, on n'a qu'à produire le*

* Il paroit
qu'il veut
dire exca-
vation.

M 2

manuscrit original entier, le déposer chez un officier public ou aux Mrs. de la bibliothèque du Roi, où je comptois le placer un jour, & obtenir un désaveu des personnes que je nomme & qui sont existantes. Je vous envoie, Monsieur, la feuille autographe de la note que je viens de copier; elle servira de pièce de comparaison avec le corps de l'écriture du manuscrit: & je vous autorise à la déposer dans le lieu qu'aura choisi Mr. de Buffon pour produire le manuscrit. Comme je ne suis d'aucune secte, & que j'y renonce pour jamais, j'écris la vérité, & je désire que vous aïez le courage de la faire imprimer.

Je suis, avec une estime & une vénération particulières, Monsieur,

Votre très-humble & très-
obéïssant serviteur,

GOBET.

Ce 14 Juillet 1779.

IL EST tems de revenir à nos animaux du midi, demeurant dans le nord. Ces animaux ont-ils réellement habité les régions polaires? Y avoit-il parmi eux des espèces qui n'existent plus? Les individus étoient-ils plus grands que ceux d'aujourd'hui? Comment ont-ils pu subsister dans des païs qui ne nourrissent plus que des ours & des rennes? Telles sont les questions que présente la *cinquième Epoque*.

On trouve dans la Sibérie & autres contrées

trées septentrionales des dépouilles d'éléphans, de rhinocéros, & d'autres animaux, qui ne peuvent vivre que dans des climats plus chauds. Après ce que nous avons dit des effets naturels & inévitables du déluge *, il n'y a là rien qui doive surprendre, au contraire si l'on ne découvroit point des débris de plantes & d'animaux étrangers dans des provinces qui n'en produisent pas de ce genre, cela formeroit une objection très-forte contre les notions reçues du déluge, du mélange & de la confusion inconcevable qui, comme nous l'avons démontré, a été la suite nécessaire (a).

* Ci-deffus p. 102 & fuiv.

Mais, dit M^r. de Buffon, la quantité de ces dépouilles est trop énorme pour qu'on ne foit pas obligé de la regarder comme un monument subsistant des espèces domiciliées dans ces régions. *On a peut-être déja tiré du nord plus d'ivoire que tous les éléphans des Indes actuellement vivans n'en pourroient fournir. . . . . . De plus, ce n'est qu'à la superficie de la terre & à quelques pieds de profondeur que l'on trouve des squelettes d'éléphans, de rhinocéros, & autres dépouilles des animaux terrestres.*

P. 28.

P. 245.

(a) Cela me rappelle la judicieuse réflexion de St. Augustin, qui disoit qu'en supposant un état de choses tout opposé à celui qui existe réellement, les hommes de parti, les esprits à système trouveroient également de quoi objecter, disputer, contrarier, combattre ce qui est par ce qui n'est pas. *Si aliter fecisset, similiter stultitia vestra displiceret.* L. de agone christiano.

1°. Ce n'eſt pas depuis long-tems que la quantité d'ivoire trouvé en Sibérie, eſt ſi énorme aux yeux de M^r. de Buffon, autrefois il en parloit avec beaucoup de modération, & regardoit cette découverte plutôt comme un objet de curioſité, que comme la matiere d'un grand commerce. Aujourd'hui on a *tiré du nord plus d'ivoire que n'en peuvent fournir tous les éléphans des Indes.* Il eſt vrai que ce *peut-être* qu'ajoute le célebre naturaliſte, modifie excellemment cette aſſertion. Mais encore eût-il dû nous apprendre dans quelles villes ſe trouvent ces dépôts d'ivoire formés excluſivement des défenſes d'éléphans trouvées dans le nord; il eût dû nous inſtruire de l'étendue & des proportions des vaſtes magaſins où on les conſerve, ou bien dans leſquels ils ont autrefois exiſté; quelle eſt à peu-près la ſomme totale que produit annuellement à la cour ou aux négocians ruſſes le tranſport de cette multitude de défenſes. Faute de cela nous ne pouvons porter ſur cette quantité un jugement bien motivé.

Hiſt. nat. t. 1. p. 85. & ſuiv.

2°. M^r. Pallas, qui connoit ſans doute avec un peu plus d'exactitude la quantité d'ivoire renfermé dans les terres du nord, ne doute pas un moment que ce ne ſoient les dépouilles des éléphans amenés dans ces contrées glaciales par la grande révolution du déluge. La Sibérie étant la province la plus élevée de toute l'Aſie, a été ſubmergée la derniere, c'eſt-là naturellement que les êtres vivans ſe ſont réfugiés de préférence; ſur-tout ſi, comme il y a toute apparence, les eaux ſont venues particulierement

ticulierement de l'eſt & du ſud (a). Les élephans qui ſans forcer leur marche font juſqu'à 70 lieues par jour, ont pu ſe ſauver
plus aiſément que les autres.... Que dire de
la quantité de ces animaux morts, que la mer
y a tranſportés! (b).

3°. Le peu de profondeur qu'ont ces os
foſſiles, ne fait point une difficulté pour quiconque a vu les effets d'une inondation
ſubite & deſtructive. Tout ce qui eſt reſ-
pectivement plus léger, à plus forte raiſon,
tout ce qui ſurnage, ne tient pas communément le fond des matieres accumulées durant
le ravage. Si cela arrive quelques fois, il eſt
arrivé également dans certains cas durant le
déluge. A peine connoit-on la ſuperficie de
la Sibérie, à peine a-t-on ſongé à y obſerver

(a) On peut le conclure par le grand nombre
de plantes des Indes & de la Chine qu'on trouve dans des provinces très-éloignées. Mr. de
Buffon dit lui-même que *les eaux ſont venues en
plus grande quantité du pole auſtral que du pole bo-
réal.* P. 446.

(b) Voici ce que je viens de lire (qui le croiroit?) dans l'*Hiſtoire naturelle* de Mr. de Buffon,
t. 1. p. 92. *Les elephans pour éviter leur deſtruction dans les grandes révolutions de la terre, ſe
ſont échappés de leur endroit natal, & ſe ſont diſ-
perſés de toutes parts tant qu'ils ont pu; leur ſort
a été différent, les uns ont été bien loin, les autres ont pu même après leur mort avoir été tranſportés fort loin par l'inondation &c.* Ce paſſage
eſt du fameux voyageur Mr. Gmelin*, Mr. de
Buffon le cite & le copie comme infiniment propre à éclaircir l'hiſtoire des foſſiles de Sibérie.

* Différent
de celui
dont il eſt
parlé p. 83.

des os (ce n'eft que depuis Pierre-le-Grand, qu'on s'en occupe), que M^r. de Buffon fe plaint de ce qu'on n'en retire point du fein des montagnes. Quand on aura fouillé les collines & les rochers de ces vaftes déferts, comme celles des provinces les mieux peuplées, on y trouvera fans doute des débris d'animaux dans des rochers & à diverfes profondeurs; la Provence & la Souabe nous en préfentent des monumens inconteftables (a). Enfin pour revenir encore un moment au

(a) Ci-deffus, p. 111. ═══ Mr. de Buffon dit que lorfqu'on *trouve des offemens dans des cavités fous des rochers, ce font des rochers de nouvelle formation ainfi que toutes les carrieres calcaires en pays bas,* p. 231. Sans doute c'eft dans des rochers de *nouvelle formation,* puifqu'ils font poftérieurs au déluge; mais ce n'eft pas toujours *en pays bas....* 160 toifes ou 960 pieds au-deffus des eaux minérales d'Aix, hauteur de la roche où l'on a trouvé des cadavres humains, ne font pas un *pays bas....* Mr. de Buffon voudroit-il qu'on trouvât des offemens dans les montagnes primitives? Mais a-t-il donc oublié que ces montagnes étant aujourd'hui l'ouvrage du feu, étant de granit & de roc vif, aucun être vivant ne peut y avoir laiffé fes os, puifque lors de leur formation il n'y en avoit pas.═══ Je dois ajouter que les cadavres, dont j'ai parlé, *ont été balotés dans les flots de la mer, qu'il s'eft formé un mafque fur la face des têtes; & comme les chairs ne font pas long-tems à fe corrompre, lors fur-tout que les corps font enfevelis fous les eaux* (t. 2. p. 202), il eft aifé de voir combien cette découverte ajoute aux preuves déja fi multipliées & fi inconteftables du déluge. ═══ Il eft vrai que Mr. de Buffon qui n'a pas vu ces cadavres, eft *très-perfuadé que*

ce

grand obfervateur des foffiles du nord, Mr. Pallas; ce *favant naturalifte** nous affure qu'il n'eft
pas poffible d'examiner ces dépouilles d'animaux
fans voir avec la derniere évidence, que le déluge les y a amenées, que jamais ils n'y ont
vécu, puifqu'on les trouve encore entiers par
le moien du froid qui les a glacés & confervés
jufqu'à nos jours. M^r. Gmelin qui a auffi examiné ces foffiles & parcouru la Sibérie pour
juger de tout cela d'une maniere compétente,
obferve que l'ivoire de Sibérie eft *frais*, parce
que *ces dents ont été confervées dans une*
terre continuellement gelée, tandis que dans
les climats un peu chauds, elles s'amolliffent
& deviennent de *l'ivoire pourri*..... A qui
croire? à un homme qui examine tout fur
les lieux, qui unit fes yeux à fa raifon pour
découvrir la vérité; ou bien à un homme
qui à 3000 lieues de diftance bâtit des hypothefes à perte de vue fur des chofes qu'il n'a
apperçues qu'à travers les nuages de l'opinion?
... A qui croire? à M^r. de Buffon, auteur de
l'Hiftoire naturelle, qui tranfcrit & approuve
la réflexion de M^r. Gmelin; ou à M^r. de

* Epoq. p. 336.

Ci-deffus p. 110.

Hift. nat. t. XI. p. 91.

---

ce *font des phoques & des loutres* (t.2.p.205), mais
comme il n'en eft plus *perfuadé* à la page fuivante, qu'il *fufpend fon jugement*, qu'il *ne con-*
noit pas même la forme & la ftructure des phoques,
il eft naturel de s'en tenir à la décifion de Mr.
Guettard, qui a vu & examiné ces cadavres,
qui *connoit la forme & la ftructure des phoques*, &
qui n'ayant pas fait de fyftême, n'a aucun intérêt à nier ou à déguifer les faits.

Buffon auteur des *Epoques* qui la trouve ridicule & infoutenable ?

OUTRE les élephans, les rhinocéros, les hyppopotames qui, felon Mr. de Buffon, ont vécu dans le nord, il y a eu dans cette contrée bien des efpeces dont il n'exifte plus aujourd'hui aucun individu, & qui ont laiffé la totalité de leurs dépouilles dans ces terres dévorantes; il eft vrai que *jufqu'à préfent* on n'a découvert que les dépouilles *d'une feule* *efpece perdue dans les animaux terreftres,* mais *c'étoit la plus grande de toutes.* M^r. de Buffon eft fortement affecté de cette perte, il ne ceffe de s'en occuper p. 30, 243, 245 &c.; t. 2. p. 226, 231, 232, 233, 241, 275 &c. Cependant, puifque nous avons été affez heureux pour retrouver les cornes d'ammon, les belemnites & les pierres lenticulaires, trois efpeces que Mr. de Buffon a tant regrettées dans la claffe des coquillages, dont il parle avec tant d'intérêt dans plus de 30 endroits des *Epoques*; il eft à croire que nous aurons peut-être le même bonheur dans la recherche des anciens quadrupedes.

A confulter précifément les principes de la bonne phyfique, fommes-nous fondés à croire que depuis que le monde exifte, il nous eft venu de nouvelles efpeces, & que d'anciennes efpeces ont difparu? Il

T. 2. p. 241.

Ci-deffus, p. 131.

paroit que non; il paroit au contraire indubitable que le plan de la création ne peut s'altérer, ni présenter d'autres êtres que ceux que la main du Créateur y a deſſinés (a). L'illuſtre naturaliſte qui dans des momens d'obſcurité ou d'une diſtraction parfaite, fait produire, ſur-tout aux *terres méridionales, des* eſpeces nouvelles *par leurs propres forces,* ſait bien quand il veut, réfuter ces erreurs avec une éloquence qui lui appartient en propre. *Toutes les touches acceſſoires varient; aucun individu ne reſſemble parfaitement à l'autre. Aucune eſpece n'exiſte ſans un grand nombre de variétés. . . . Mais l'empreinte de chaque eſpece eſt un type dont les principaux traits ſont gravés en caracteres ineffaçables & permanents à jamais. . . . & comme l'ordonnance eſt fixée pour le nombre, le maintien &-l'équilibre, la nature ſe préſente toujours ſous la même forme, & ſeroit dans tous les climats abſolument & relativement la même, ſi ſon habitude ne varioit pas autant qu'il eſt poſſible, toutes les formes individuelles. . . . . La nature n'altere rien aux plans qui lui ont été tracés, & dans toutes ſes œuvres elle préſente le ſceau de l'Eternel.*

Mais ſi le tableau général des êtres vivans ne ſouffre point d'altération, d'où viennent

P. 255.

Hiſt. nat. t. 13, p. IX.

T. 12. p. III. IV.

(a) J'ai donné ailleurs à cette matiere toute l'étendue qu'elle m'a paru exiger *, & on me permettra d'y renvoyer.

* Catéch. phil. p. 64 & ſuiv.

donc *ces dents d'un énorme animal* que Mr.
de Buffon a fait graver dans ſes *notes juſti-
ficatives* comme *une preuve démonſtrative*
d'une grande eſpece perdue ? …. D'abord trois
ou quatre dents, ſeul reſte d'une grande eſpece perdue. Il faut avouer que le tems s'eſt
furieuſement hâté à nous dérober de ſi vaſtes
& ſi dures dépouilles. Il y a à - peu - près
15000 ans que ces animaux ſont arrivés (p.
242), il eſt à croire qu'ils ont vécu au moins
quelques mille ans avant que les *molécules
incorporées à leurs ſubſtances organiſées*, fuſ-
ſent obligées par le froid à s'occuper d'autres
eſpeces, à fabriquer des élans & des ours. Et
voilà cependant que tout eſt anéanti à quatre dents près, tandis que l'ivoire ſubſiſte encore dans la même contrée, en plus grande
quantité *que tous les éléphans des Indes actuellement vivans n'en pourroient fournir*, &
que ces mêmes dents ſe ſont ſi bien conſer-
vées qu'il n'y manque pas une pointe, &
que par la dureté & l'émail on ne les diſ-
tingue pas des dents des hyppopotames, qui
vivent encore.

Mais enfin quelles ſont ces dents que Mr.
de Buffon aſſure n'être ni celles de l'éléphant,
parce qu'*elles ne ſont pas aplaties* ; ni celles
de l'hyppopotame, parce qu'elles ſont à *groſſes pointes mouſſes*, tandis que celles de ce
dernier animal ſont *creuſées en treſſle* ?

Voici, je penſe, tout le ſecret de la choſe. Les dents *à pointes mouſſes* ſont celles des
vieux hyppopotames, & les dents *creuſées en*

T. 2. pl. 1.
2, 3 & 4.

treffle font celles des jeunes. D'abord les dents
de ces animaux ont de petites pointes fermées, qui s'ouvrent à mefure qu'elles gran-
diffent, & fe creufent en treffle; avec l'âge
elles fe referment, deviennent pleines, &
prennent la figure de pointes mouffes (a).
.... Tenons-nous en à Mr. de Buffon; cet
homme célebre répand tant de lumieres fur les
objets qu'il traite, qu'il en fournit toujours
contre lui-même. Prenez, ami lecteur, le fecond volume des *Epoques*, confidérez les
deux figures de la planche VI⁲ : deux pointes
font déja creufes, la troifieme ne l'eft pas encore, on voit aifément que c'eft la derniere venue, & qu'elle eft dans l'état de croiffance; une
quatrieme arrive & s'efforce d'atteindre le niveau des autres. —— Voïez enfuite la planche
Vᵉ, les creux font parfaits.——Dans la figure
1ᵉ. de la planche IIIᵉ, les creux font fermés,
mais la figure de treffle fubfifte encore dans
deux pointes. —— Enfin les pointes mouffes
font achevées dans la IIᵉ. planche.

Si Mʳ. de Buffon avoit fait attention que
la même dent avoit des pointes creufes &
pleines (pl. Vᵉ), que la même dent avoit

_____

(a) Cette révolution dans l'état des dents n'eft
point particuliere aux hyppopotames; on peut
l'obferver dans plufieurs autres animaux. Si Mr.
de Buffon avoit confulté le moins érudit des
maréchaux ferrans, il eût appris que les fecon-
des dents des chevaux font d'abord pleines,
qu'en croiffant elles laiffent un creux, & qu'a-
vant huit ans elles font toutes refermées.

des éminences en pointes & en treffle (pl.
IIIe. fig. 1), il eût vu que cette diftinction
n'étoit rien moins que la marque d'une efpece particuliere.

Je ne dirai rien de ce que Mr. de Buffon
avance de la groffeur de quelques-unes de ces
dents, de la petiteffe des autres, &c. (a) ; toutes ces mefures feront appréciées quand je
parlerai de la grandeur des anciens animaux
comparés à ceux d'aujourd'hui. Je ne dirai
rien non plus des variétés d'une même efpece, de ces modifications accidentelles qui
pour donner une dent de plus à quelques individus, ou une pointe de plus à une
dent, un anneau de plus à un infecte, quelques feuilles de plus à une fleur, n'en font
pas pour cela une efpece nouvelle. Mais je
ne puis m'empêcher de m'arrêter un moment
à une race inconnue qui étoit fur le point
d'être vérifiée & dûement légalifée parmi les
êtres autrefois vivans, lorfque nous avons été

_____

(a) On ne peut prononcer fur la grandeur
refpective des dents, fans favoir la place qu'elles ont occupé dans la bouche de l'animal. La
derniere dent molaire d'un enfant fera plus
grande que la premiere d'un adulte...On ne peut
rien dire fur leur nombre, leur groffeur, le
nombre & la figure des pointes &c, fans connoître l'âge de l'animal auquel elles ont appartenu... S'il eft vrai que les dents des animaux
groffiffent, lorfqu'elles ont ceffé de croître,
comme Mr. de Buffon l'affure (Hift. nat. t. 1.
p. 87), l'excédant de la groffeur ordinaire ne
doit être attribué qu'à l'âge.

privés de cette découverte par un excès de précaution & une rigueur d'examen abfolu- ment déplacée. C'étoit un animal d'une gran- deur épouvantable & parfaitement différent de l'éléphant, quoiqu'il eût des défenfes com- me lui. Voici comme la chofe s'eft paffée.

Mr. Collinfon qui s'eft beaucoup fatigué à déterminer les efpeces perdues par l'infpection des dents, s'étant apperçu qu'une défenfe trou- vée dans le marais falé de l'Ohio, avoit des ftries près du gros bout, il conçut auffi-tôt l'idée d'un grand animal dont l'efpece n'exi- ftoit plus. Il ne pouvoit fe perfuader que *ces ftries appartinffent à l'efpece de l'éléphant.* Encore quelques *notes juftificatives*, quelques conjectures énoncées d'un ton bien ferme fur la nature de ces *ftries*, nous étions affurés d'avoir eu autrefois fur notre globe de grands animaux *à défenfes*, qui n'étoient point des éléphans. Par malheur ce Mr. Collinfon, qui *lit des mémoires à la fociété roïale de Lon- dres*, eut tout-à-coup un fcrupule fur fa dé- couverte, & s'avifa, *pour fe fatisfaire, d'al- ler vifiter le magafin d'un marchand qui fait commerce de dents de toute efpece; & après les avoir bien examinées, il trouva qu'il y avoit autant de défenfes ftriées au gros bout que d'unies.* Voilà comme s'eft évanouie la grande efpece à *défenfes ftriées*. Un fcru- pule de moins, ou fi (comme il pouvoit très- bien fe faire) le marchand n'eût pas eu de défenfes *ftriées*, il n'y avoit plus moïen de contefter l'exiftence d'une ancienne efpece énorme, anéantie comme les cornes d'am- mon

P. 236.

Ibid.

Ibid.

mon & les belemnites (a) —— C'eſt ce même Mr. Collinſon , qui étudie la phyſique
chez un marchand d'ivoire, & qui y apprend
ce que le marchand n'ignore pas , qui a enrichi
Mr. de Buffon de tant de belles dents , propres à claſſer les eſpeces tant celles qui ſont
encore que celles qui ont ceſſé d'être (b).

P. 234

Lorſque j'appris pour la premiere fois la
mort de cette grande eſpece , il m'étoit venu
d'abord en eſprit un argument *ad hominem*,
qui me prévenoit contre cette nouvelle. Pourquoi , diſois-je , cet énorme animal , plutôt
que de périr dans les frimats du nord, ne
s'eſt-il pas, comme l'éléphant & le rhinocéros, retiré dans les terres du midi ? Je con-
cluois delà que n'aïant pas voïagé avec les
autres

(a) Mr. de Buffon y met bien moins de céré-
monies. Des Eſpagnols ont trouvé de groſſes
dents ſur les hauteurs de Santa Fé, mais *ils ne
diſent pas qu'ils ont trouvé des défenſes d'élephans
mêlées avec ces dents*; tout de ſuite l'illuſtre naturaliſte conclut que *ces dents appartienent à
une eſpece différente*, t. 2. p. 278 . . . . Qu'on
vienne à trouver un crâne humain , ſans trouver en même tems les os des bras & des jam-
bes, *où ſans dire qu'on les a trouvés*, nous con-
clurons que c'eſt le crâne d'un animal inconnu.
   (b) O j'ai une ſi belle & ſi grande dent, compoſée d'un ſeul feuillet ſingulierement replié ſur
lui-même & faiſant maſſe par une tortuoſité des
plus bizarres ! Je ſuis ſûr que ſi Mr. de Buffon
la voyoit il *démontreroit* que c'eſt une dent du
fameux monſtre aſſiégé par l'armée de Régulus,
ou du terrible dragon de Rhodes. Je crois néanmoins bien fermement qu'elle a jadis appartenu
à un animal de mon pays.

autres dans le tems où il pouvoit échapper aux frimats du pole, il nous avoit donné quelque droit de douter de son exiſtence. Mais je dois avertir ceux qui voudroïent faire le même argument, de ne pas trop ſe conſier en ſa *force probante.* Car pour quitter les terres du nord, il ne ſuffit pas de ne pouvoir ſupporter le froid, mais il faut encore avoir de l'eſprit pour prendre dans de telles circonſtances un parti ſage. Car il y a des animaux ſi bêtes, qu'*ils reſtent où ils ſont,* **P. 262.** *parce qu'ils n'ont pas même le ſentiment qui pourroit les conduire vers une température plus douce, ni l'idée de ſe trouver mieux ailleurs ; car il faut de l'inſtinct pour ſe mettre à ſon aiſe, il en faut pour ſe déterminer à changer de demeure, & il y a des animaux, & même des hommes ſi bruts qu'ils préférent de languir dans leur ingrate terre natale, à la peine qu'il faudroit prendre pour ſe gîter plus commodément ailleurs.* Or comme nous ne connoiſſons pas le degré de *ſentiment,* les *idées* & *l'inſtinct* de l'animal aux groſſes dents à pointes mouſſes, il y a de la témérité à décider ce qu'il a fait, ce qu'il a dû faire. Il eſt vrai que le rhinocéros tout *brut* qu'il eſt, ſans intelligence & ſans ſentiment *, a pris * **Hiſt. nat.** avec le prudent éléphant le parti de fuir vers **t. xi. p. 190.** le midi ; & il ſeroit bien arrivé que l'animal perdu eût eu moins de génie que ce *cochon en grand* * ; mais encore ne faut-il pas faire * *Ibid.* de comparaiſon, de peur de faire tort à l'un ou à l'autre.

N

L'É N O R M E grandeur des premiers animaux
du nord, eſt un point qui tient autant à
cœur à Mʳ. de Buffon, que l'extinction des
eſpeces; parce que cette grandeur prouve admirablement la chaleur primitive du globe,
quoique par la conjuration opiniâtre des faits
contre les hypotheſes, les grandes productions
de la nature ſe trouvent preſque toutes dans
les païs froids (a). Tout ce que les hiſtoriens
les plus crédules ont jamais raconté des dents,
des côtes, des têtes, tout ce que les gazettes
& les journaux ont rapporté des os de toute
grandeur trouvés par des voïageurs quelcon-
ques, tout ce que Mʳ. Hans Sloane a victo-
rieuſement réfuté dans ſa *Gygantologie*, eſt
raſſemblé ici par le ſavant naturaliſte avec des

(a) Queſt-ce que le palmier & l'oranger en
comparaiſon des chênes, des pins, des ſapins,
des larix? Qu'eſt-ce que l'éléphant à l'égard des
baleines, des crakers, des cachalots? Les ours
de Pologne ſont-ils comparables à ceux de la
Nouvelle-Zemble? Les Négres ont-ils la grandeur & la force des Moſcovites & des Tartares?
Les chevaux d'Abyſſinie ſont-ils de la taille de
ceux du Holſtein? L'épagneul égale-t-il le grand
danois? . . . . N'eſt-il pas ſingulier que les molécules ſi amies de la chaleur qu'elles ont été
vivantes dans le ſoleil, ſi ennemies du froid que
malgré leur *indeſtructibilité* eſſencielle, elles en
mourront toutes, aient choiſi le nord, & le nord
d'aujourd'hui, pour y faire leurs plus grands ouvrages?

peines infinies, & une attention scrupuleuse à ne laisser pas échapper la moindre découverte dans un sujet si intéressant. C'est la gazette de France qui annonce une tête de bœuf pétrifiée de deux pieds d'espace entre les deux cornes, trouvée dans un fond de Pozzolane, t. 2. p. 276 (a). —— Ce sont des dents trouvées en Sicile, dont chacune pesoit trois livres, t. 2. p. 278 (b).———C'est sur-tout une corne de bœuf suspendue dans l'église cathédrale de Strasbourg (celle du bœuf de Bethléem sans doute) que M^r. Grignon * a très-bien vu être *trois fois de la grandeur des plus grands bœufs, quoiqu'il n'ait pu en prendre les dimensions parce*

* C'est par inadvertence que ci-dessus p. 83 & suiv. on a imprimé Grillon.

(a) Admirons ces deux cornes si bien attachées, qu'après tant de mille ans on les retrouve encore bien attenantes & bien conservées.... Quelle en étoit la grosseur, la longueur? On n'en dit rien.... Si elles n'existoient plus, a-t-on reconnu bien distinctement la tête de bœuf, surtout étant absolument pétrifiée?.... Il faut demander tout cela à l'auteur de la *Gazette de France.*

(b) Ces dents de Sicile sont des stalactites. Il y a une carriere qui en fournit par mille. On avoit donné quelques-unes de ces prétendues dents au P. Kircher pour des dents de géans ; ce naturaliste, quoiqu'on en dise, moins crédule que ceux d'aujourd'hui, voulut vérifier la chose. En ayant parlé au marquis de Vintimiglia, homme très-versé dans l'histoire naturelle de Sicile, celui-ci se mit à rire, & le conduisit dans une caverne près de la ville de Palerme, où le Jésuite trouva de quoi fournir de dents de géans tous les cabinets d'Europe. Voyez le *Mundus subterraneus,* t. 2. p. 58.

qu'elle étoit trop élevée, t. 2. p. 276 &c. (a).
Mais comme il ne m'eſt pas poſſible d'apprécier
toutes ces merveilles avec le loiſir & l'attention
qu'elles exigent, je m'en tiens au grand monument de la grandeur gigantesque des animaux
du nord, celui que M^r. de Buffon a examiné à
fond, qu'il a vû lui-même plus d'une fois,

T. 2. p. 221. & dont il fait le plus de cas. *La plupart des*
défenſes qui nous ſont venues du nord, ſont
encore d'un ivoire très-ſolide, dont on
pourroit faire de beaux ouvrages : les plus
groſſes nous ont été envoïées par Mr. de
l'Iſle, aſtronome, de l'académie roïale des
ſciences; il les a recueillies dans ſon voïage
en Sibérie. Il n'y avoit dans tous les maga-
ſins de Paris qu'une ſeule défenſe d'ivoire
cru̇d * *qui eut 19 pouces de circonférence;*

* C'eſt ce-
lui qui n'a
point été
en terre,
l'autre s'ap-
pelle *ivoire*
cuit.

toutes les autres étoient plus menües : cette
groſſe défenſe avoit 6 pieds 1 pouce de lon-
gueur, & il paroît que celles qui ſont au ca-
binet du Roi & qui ont été trouvées en Si-
bérie avoient plus de 6 pieds $\frac{1}{2}$ lorſqu'elles

(a) Quels obſervateurs! La corne étoit ſi élevée qu'on n'a pu la *meſurer*, & cependant on
s'eſt bien aſſuré que c'étoit une vraie *corne de*
bœuf, que ce n'étoit point quelque charlatane-
rie, quelque marotte de l'ignorance, quelque végétal contourné, quelque foſſile étranger au rè-
gne animal &c..... On veut réformer la nature
à force de découvertes, & l'on ne ſe donne pas
la peine de monter quelques degrés d'une échel-
le, l'on refuſe de donner quelques ſols à un
pauvre ſacriſtain qui certainement eût bien
promptement deſcendu la corne! Il faut avouer
que nos ſavans ſont un peu commodes.

étoient entieres : mais comme les extrémités en font tronquées, on ne peut en juger qu'à-peu-près.

Voilà donc la plus groffe des défenfes venues du nord, & connues en France, qui a 6 pieds $\frac{1}{2}$, tout au plus, en y comprenant le bout rompu. La plus grande qu'euffent eu les marchands de Paris, n'en avoit que 6, cela peut être; c'eft un demi-pied de différence, ce qui ne prouve certainement pas l'énormité des élephans du nord ... Mais cette défenfe de 6 pieds, eft-ce une des plus grandes qu'on trouve, je ne dis pas en général parmi l'ivoire crud, mais fur les élephans aujourd'hui vivans? Oh non, il s'en faut de beaucoup. *Celles des élephans de Bombaze & du Mozambique*, dit M^r. Bertrand, *n'ont pas moins de dix pieds. (Dict. des fof. art. Yvoire)*. Mais c'eft M^r. de Buffon lui-même, que je veux entendre prononcer fur la prééminence des élephans; je le prends autant que je puis, pour juge des petites difficultés que la lecture de fes favans ouvrages fait naître dans mon efprit. *Il eft certain,* dit-il, *qu'il y a des défenfes d'élephans qui pefent chacune plus de cent-vingt livres ...... Mr. Eden rend témoignage qu'il mefura plufieurs défenfes d'élephans auxquelles il trouva neuf pieds de longueur, que d'autres avoient l'épaiffeur de la cuiffe d'un homme, & quelques-unes pefoient quatre-vingt-dix livres. On prétend qu'il s'en trouve en Afrique qui pefent cent-vingt-cinq livres chacune .... Les voïageurs anglois rapporterent auffi de Guinée la tête d'un élephant*

Hift. nat. t. XI. p.

N 3

que Mr. *Eden vit chez Mr. le chevalier Judde,*
elle étoit ſi groſſe que les os ſeuls & le crâne,
ſans y comprendre les défenſes, peſoient en-
viron deux cents livres ; de ſorte qu'au juge-
ment de l'auteur, elle auroit dû peſer cinq
cents dans la totalité de ſes parties. Ce paſſage
qui certainement n'a pas beſoin de commentaire, comparé à ce que dit M^r. de Buffon
des plus grandes défenſes trouvées dans le nord,
prouveroit que jamais il n'y eut d'éléphans
égaux à ceux d'aujourd'hui ; car ſi les défenſes de 90 livres ſont de 9 pieds, c'eſt-à-
dire 2 $\frac{1}{2}$ pieds plus longues que la plus grande
du nord, que ſera-ce de celles de 195 & 150
livres ? . . . Mais il eſt peut-être plus raiſonnable de croire que la grandeur des animaux,
comme celle de l'homme (a), eſt ſpécifique-
ment la même depuis l'époque de leur exiſtence.

(a) Rien ne montre mieux que dans les mêmes
climats la grandeur de l'eſpèce humaine eſt toujours la même, que les momies ; depuis quatre
mille ans les Egyptiens n'ont perdu ni gagné un
pouce de hauteur. ━━ A la vérité Mr. de Buffon (p. 305. ━ t. 2. p. 316) parle avec admiration de la race gigantesque des Patagons, placée
près du pole auſtral, où les premieres cornes
d'ammon ſont mortes de froid, où les *molécules*
organiques ſont preſque agoniſantes ; mais la découverte de ces géans eſt une fable, réfutée par
les obſervations de Mr. Bougainville faites ſur les
lieux, & reconnue pour une fable par Mr. de Buffon (Hiſt. nat. t. 3, p. 509). ━━ J'ai eu l'occaſion dans un autre ouvrage d'examiner l'exiſtence des géans anciens & modernes, ſuivant
les régles de la critique & de l'hiſtoire. *Catéch.*
phil. p. 47, & ſuiv.

tence. Il n'y a que les individus qui par des écarts paſſagers de la nature reçoivent quelquefois des dimenſions exotiques, l'eſpece garde ſa meſure comme ſon caractere & ſon invariable eſſence.

S'IL eſt bien certain que les animaux du midi n'ont jamais habité les païs du nord, ſi l'ivoire *frais* prouve, ſuivant la réflexion de M^r. Gmelin, que ce païs a toujours été froid (ci-deſſus, p. 185.); ſi les cadavres gelés obſervés par M^r. Pallas démontrent la même choſe (ci-deſſus, p. 110), il eſt inutile d'examiner comment les élephans & les rhinocéros ont pu y vivre. Mais comme c'eſt ici un des points fondamentaux du ſyſtême des *Epoques*, le refroidiſſement du globe, il convient de nous y arrêter un moment.

Fût-il vrai que les animaux des païs méridionaux ont demeuré dans le nord, ſeroit-on en droit d'en conclure que le globe ſe refroidit, qu'autrefois échauffé par ſon feu propre, juſques dans les poles, il ne l'eſt plus aujourd'hui que dans les parties voiſines de l'équateur ? Non ſans doute. En ſuppoſant avec l'ingénieux auteur du *Spectacle de la nature*, qu'avant le déluge l'axe de la terre étoit droite (a), on trouvera que les régions polaires

laires

(a) Le ſavant auteur de la *Théorie des êtres ſenſibles*, juge que cette opinion n'eſt pas ſans vraiſemblance; & explique la nutation de l'axe d'une maniere fort ſimple, t. 2, p. 45, & ſuiv.

laires n'ont point eu autrefois le degré de froid qu'elles essuient aujourd'hui, & que si la Sibérie n'étoit point assez près de l'équateur pour être la patrie naturelle des éléphans, elle en étoit assez voisine pour que les hommes les y aient conduits, comme ils les ont conduits en Italie, en Macédoine, en Thrace & en d'autres régions dont le climat n'étoit point assorti à la multiplication, à la conservation de leur espece. —— Fallût-il reconnoître une révolution entiere de l'écliptique, qui eût fait passer un même point terrestre par tous les climats, durant une période de 630 mille ans, cette hypothese, seroit encore plus plausible que celle du refroidissement du globe. Pourquoi ? Parce que toute contraire qu'elle seroit à la vérité historique & au témoignage des saintes Lettres, elle ne seroit au moins pas en opposition avec des faits connus, que nous avons sous les yeux & sous la main.

Quel est le physicien qui puisse concevoir un globe refroidi par les poles, & qui à 20 pieds de profondeur, a précisément le même degré de chaleur aux poles & sous l'équateur (a) ? —— Des poles qui se refroidissent

────────────

(a) Tous les physiciens savent qu'à cette profondeur le thermometre est constamment à 10 degrés, au Spitzberg & dans le Mozambique, dans la Cafrérie & la Nouvelle-Zemble. Tout ce qui regarde cette matiere, vient d'être excellemment expliqué & prouvé par Mr. Romé de Lisle. *L'action du feu central bannie de la surface du globe.*

diffent plutôt que l'équateur, & qui néanmoins font bien plus près de la fource & du
centre de la chaleur? (a) —— Un globe
dont la chaleur fe porte du centre à la circonférence en s'affoibliffant, par une régle
infaillible, en raifon directe de la diftance, &
qui néanmoins n'eft pas plus chaud à 2000
qu'à 20 pieds de profondeur (b). —— Un
globe qui ne doit fa chaleur qu'à lui-même,
& qui ne fauroit fondre un morceau de glace
(a),

---

be. A Paris chez Didot, 1779. Si l'habile phyficien
donne quelquefois un peu trop d'étendue aux
conféquences qu'il tire des principes reconnus,
s'il profcrit avec trop peu de réferve l'exiftence
& l'action d'un feu terreftre, on ne peut néanmoins
qu'applaudir à la force des raifonnemens qu'il
oppofe à Mr. de Buffon.

(a) Voyez ci-deffus p. 67 & 68.

(b) Mr. de Buffon affure dans plus de dix endroits de fes Epoques que la chaleur augmente
à mefure qu'on defcend dans l'intérieur de la
terre. Mais il y a dans tout ce qu'il differte fur
ce fujet un fi grand nombre d'erreurs, que le refpect dû à un homme fi célebre, ne me permet
pas de les rapporter toutes. Il parle de mines fituées, dit-il, en Allemagne, qui ont 600 *lachters*;
ce qui donne 3000 *pieds*; & l'on fait que les
plus profondes n'ont pas 2000 pieds. ——
Il établit l'augmentation graduée de la chaleur
fur une obfervation faite par Mr. de Genfane
dans les mines de Giromagni en Alface; mais
cette obfervation eft contraire à ce qu'on obferve dans les autres cavités de la terre, dans les
mines de Wilifca en Pologne & autres bien plus
profondes que celles de Giromagni, où la chaleur refte au même degré.—— De plus, l'obfervation de Mr. de Genfane ne prouve rien moins
qu'une chaleur graduée, puifque le thermometre
demeura

T. 2. p. 213.

p. 212.

(a), tandis que le foleil auquel il ne doit prefque rien, & qui ne lui donne pas un 50e. de chaleur en comparaifon de celle qu'il poffede en propre, opere cet effet par un feul de fes raïons directs (b) .... Je pourrois ajouter à la nature de ce globe paradoxal bien d'autres

---

demeura immobile depuis 50 jufqu'à 100 toifes, & monta enfuite confidérablement fur fix toifes..... Des feux locaux peuvent influer fur les variations du thermometre, mais la chaleur propre & générale du globe n'y a aucune part... Eft-il même bien conftaté que le thermometre fe régle uniquement fur la température de l'air? Le contraire paroit appuyé fur des obfervations un peu plus décifives que celles de Mr. de Genfane. Il y a quelques années que Mr. d'Arcet, célebre chymifte, étant fur une montagne des Pyrénées, du côté de Bagneres, pendant le mois de Juin, obferva que la liqueur d'un thermometre, attaché au haut d'un bâton immobile, monta à 22 degrés, terme où la chaleur eft très-confidérable; cependant lui & fon compagnon étoient tellement pénétrés du froid piquant qui fe faifoit fentir fur cette montagne, quoique défendue par une autre plus élevée contre le vent du nord, qu'ils ne purent pas y réfifter plus d'une demi-heure. La même obfervation fut faite quelques femaines après, fur une autre montagne des Pyrénées, par un des amis de Mr. d'Arcet : la liqueur même s'éleva à quelques degrés de plus, quoique le froid fût très-vif.

(a) C'eft une chofe connue que dans toutes les faifons la glace fe conferve parfaitement à 15 & à 1500 pieds de profondeur; pourvu qu'elle foit à l'abri de l'air, de l'eau & du foleil, la chaleur du globe n'en diffoudra pas un grain.

(b) Y eut-il jamais un myftere de cette nature? Une chaleur 50 fois plus grande, & bien plus

d'autres propriétés, mais ces traits fuffifent pour le connoitre à fond (a). Je pourrois montrer encore la fource où le favant natura- lifte a pris l'idée de ce globe échauffé par lui-même, mais la maniere dont il a défiguré fon original le rend prefque méconnoiffable (b). Je me contenterai donc de recueillir quel- ques lumieres que l'hiftoire me fournit fur le

---

plus grande encore à 2000 pieds de profondeur, ne peut fondre en 20,000 ans un morceau de glace, qu'un fimple rayon du foleil (qui dans fa totalité ne donne qu'$\frac{1}{50}$ de chaleur) fond en un inftant!

(a) Voyez ci-deffus, p. 45.

(b) On trouve l'idée du feu central dans le *Mundus fubterraneus* du P. Kircher. Ce Jéfuite a même fait graver une planche où fon hypothefe eft repréfentée d'une maniere naturelle & pittoref- que, p. 175. édit. de 1668. Mais il ne croit pas pour cela au refroidiffement du globe, il ne croit pas à la foibleffe & à l'inutilité du foleil ; il eft bien perfuadé que c'eft la combinaifon du feu de la terre avec celui du foleil qui fait la ferti- lité de nos champs, qui donne la vie aux plan- tes & aux animaux. Rien de plus éloquent, de plus expreffif, que le tableau qu'il fait ailleurs du bel aftre, qui dans le langage de l'Ecriture, eft le chef-d'œuvre de la création, au moins parmi les êtres inanimés,* & qui dans le fyftême de Mr. de Buffon n'eft qu'un feu de parade. *Pervenimus ad folem, mundi oculum, cœli gratiam & decus, diei jucunditatem, vitæ originem, cor naturæ, auri & gemmarum parentem, moderatorem temporum, fide- rum principem, cœleftium corporum regem, fontem lucis, orbis miraculum, & pulcherrimum Dei optimi maximi fimulacrum. Hujus tantæ funt excellentiæ, tanta in mole magnitudo, in motu velocitas, in lumine claritas, in calore energia, in cæteris per- fectionibus præftantia, ut nemo eum dicere, nemo permittatur tacere. Hic benefici Numinis vicarius, luce,*

Vas ad- mirabile, o- pus Excelfi. Eccli 43. ═══In fo- le pofuit ta- bernaculum fuum... nec eft qui fe ab- fcondat a calore ejus. Pf. 18.

degré de chaleur propre à la terre ; elle m'apprend par des obfervations auffi fimples qu'inconteftables que jamais le globe n'a été plus échauffé qu'il ne l'eft aujourd'hui.

Suivant les tables chronologiques de M^r. de Buffon, il n'y a que 15000 ans que les éléphans ont paru dans les terres du nord, il n'y a que 5000 mille ans qu'ils font renfermés dans celles du midi. Voilà le fondement de mes calculs, je n'en veux pas d'autre. Je n'examine pas, dans quelle proportion la chaleur a diminué jufqu'en 60,000 ; je n'ai pas befoin de calculer le plaifant & chimérique refroidiffement du globe en fufion * . . . . de m'inftruire fi le froid abfolu *eft à* 1000 *degrés au-deffous de la glace*, comme l'affure M^r. de Mayran, ou *à* 10,000, comme l'affure M^r. de Buffon : . . . . de favoir fi la terre reçoit du foleil un 25e. de chaleur, comme M^r. Bailly le prouve à fa mode, ou bien un 50e. feulement, comme M^r. de Buffon le prouve à la fienne * . . . . fi nos étés & nos hivers different en chaleur comme 6 & 7, calcul de M^r. Bailly, ou comme ж & 32, calcul de M^r. de Buffon ** &c. Il me fuffit de favoir qu'il n'y a pas 6000 mille ans que les éléphans habitoient encore les terres dont le froid eft aujourd'hui incompatible avec leur nature ; & voici comme je raifonne. Depuis trois mille

* Ci deffus, p. 43, précéd. & fuiv.

* Suppl. à l'Hift. nat. t. 4. p. 324.

** Epoq. p. 345.

---

luce, *motu, calore, panfpermiâ omnia implet, omnia cœleftis aulæ munera diftribuit, ubique largus, femper munificus, nunquàm non efficax.* Itin. extat, proluf. in folem.

ans la chaleur du globe n'éprouve aucun changement ; trois mille font la moitié de fix mille ; fi dans une moitié de ces fix mille , il ne s'eft fait aucun changement , il y a tout lieu de croire , que dans l'autre moitié il ne s'en eft pas fait non plus ; la diminution de la chaleur étant proportionnelle au tems & exactement mesurée fur lui (a). Ainfi depuis fix mille ans , il n'y a eu aucun changement, & par conféquent l'anecdote des éléphans fuïant vers les terres du midi eft deftituée de tout fondement.

Mais comment prouver que depuis 3000 ans la chaleur du globe n'a fouffert aucune diminution ? Par les régles mêmes établies par M^r. de Buffon. La chaleur produit les géans p. 40 , (b); le froid fait naître des nations de nains, *ibid*; des efpeces périffent & d'autres naiffent felon la diminution de la chaleur, p. 252. Or depuis trois mille ans les hommes font exactement de la même grandeur ,

---

(a) On voit aifément que je ne prétends parler ici que des changemens arrivés par le refroidiffement du globe , & point du tout de ceux qui pourroient être l'effet des révolutions étrangeres à l'hypothefe de Mr. de Buffon , & qui n'étant point l'effet d'une caufe fucceffive & graduée , peuvent avoir lieu en un tems & ne plus fe reproduire dans toute la fuite des fiecles.

(b) Cela n'empêche pas que les géans ne naiffent que dans les montagnes, toujours plus froides que le refte du globe (p. 306), & que les Patagons, autrefois géans chimériques *, ne foient aujourd'hui dans le voifinage du cercle polaire (p. 305).

* Hift. nat. t. 3. p. 509.

les vieilles efpeces fubfiftent, aucune nouvelle n'a paru. Le froid n'augmente donc pas, & la chaleur ne s'affoiblit pas.

En vain dira-t-on que 3000 ans ne fuffifent pas pour diminuer la taille des hommes, pour détruire les efpeces connues &c. Si durant ces 3000 ans les hommes ne font pas diminués d'une ligne, comme il eft prouvé par les momies d'Egypte, par les ftatues & les monumens de toutes les nations, ils n'ont pas diminué de deux lignes en 6000 ans. Si dans 3000 ans il n'a pas péri une feule efpece, il n'en a pas péri deux en 6000 &c. Or confultez tous les hiftoriens, phyficiens, naturaliftes depuis Orphée, Homere, David, Salomon & Moïfe; voïez fi vous découvrez quelque efpece qui ait ceffé d'être, ou fi quelque nouvelle efpece a augmenté le nombre des anciennes. Examinez quel a été l'état de l'Italie du tems d'Annibal & de Jules-Céfar, vous y trouverez les mêmes hommes, les mêmes plantes, les mêmes animaux qui y font aujourd'hui; informez-vous quel étoit alors, & même long-tems auparavant l'état de la Pologne & de la Ruffie, vous faurez que c'étoit la région des glaces & des neiges. Orphée s'exilant lui-même fur les bords du Tanaïs, pour pleurer la mort de fa chere Euridice, vivoit dans des climats qui *n'étoient jamais fans glace.*

4. Georg.   *Solus hyperboreas glacies, Tanaïmque nivalem, Arvaque riphæis nunquàm viduata pruinis Luftrabat.* (a).

_____

(a) On me permettra fans doute de citer des poëtes

Les Alpes, le Caucafe, le Taurus étoient-
ils moins couverts alors de neige & de glace
qu'ils ne le font aujourd'hui (a) ? Les auteurs
les plus reculés ne parlent - ils pas de la cîme de

poëtes qui connoiffoient tout au mieux l'é-
tat géographique de ces régions , & qui n'avoient
garde de bleffer la vraifemblance dans des chofes fi manifeftes..... L'autorité des poëtes eft
bien le plus fûr garant de M. Bailly. Son commentaire fur la fable du phénix, fymbole du refroidiffement , eft exactement de 7 pages. Voyez
les *Lettres fur l'orig. des fciences*, p. 249 & fuiv.
.... A propos de ce Phénix. Je viens de voir
un ouvrage curieux intitulé *Phœnix vifus & au-
ditus*, gros volume in-4°, dans lequel un très-
favant *Petrus Texelius* a raffemblé fur le phénix
toutes les imaginations poffibles, jufqu'à celle qui
le prend pour Abraham , Ifaac & Jacob ; mais pas
le plus petit mot du refroidiffement ; ce myftere
profond & ingénieux étoit réfervé au confident
des Fées.

A Amfterd.
chez Plaats
1706.

(a) Qui ne fera pas furpris d'entendre Mr. de
Buffon affurer que les glacieres des Alpes s'ac-
croiffent ? Qu'on demande aux Suiffes un peu
obfervateurs ce qu'ils penfent de cette affertion,
ils ne pourront s'empêcher d'en rire. J'en ai vu
qui avançoient au contraire comme un fait bien
conftaté que les glacieres diminuoient. La vérité eft qu'elles n'augmentent & ne diminuent pas.
Si elles s'étendent d'un côté , elles fe retirent
d'un autre ; fi elles avancent durant quelque tems,
elles fe retirent enfuite à proportion. Mr. Coxe,
favant Anglois, vient de vérifier tout cela fur
les lieux par des obfervations faites avec toute l'attention imaginable. On peut voir fon
ouvrage , imprimé à Londres chez Dodsley ,
*Sketches of the natural, civil, and political ftate
of Swifferland &c ;* Efquiffe de l'état naturel, civil & politique de la Suiffe &c. 1 vol. in-8°.

ces montagnes comme de glacieres éternelles
& indestructibles? Quelle peinture ne font-ils
pas de l'Atlas, situé dans les brûlantes régions
de l'Afrique?

> *. . . cinctum assidue cui nubibus atris*
> *Piniferúm caput & vento pulsatur & imbri:*
> *Nix humeros infusa tegit : tum flumina mento*
> *Præcipitant senis, & glacie riget horrida barba.*

4. Æneid.

Les Gaules & la Germanie nourrissoient
autrefois des élans, des loups - cerviers, des
ours & d'autres animaux qui ne vivent aujourd'hui que dans le nord. Mʳ. de Buffon
dit qu'alors ces païs n'étoient pas cultivés,
que l'agriculture & l'habitation ont renforcé
la chaleur du climat. Là-dessus le savant naturaliste se met à disserter à perte de vue sur
les défrichemens & leurs effets sur la température de l'air. Mais pourquoi ne nous dit-il
rien de l'Italie qui du tems d'Auguste (si on
en croit les historiens & les géographes) étoit
tout autrement cultivée & peuplée, & qui
néanmoins n'avoit pas un degré de chaleur
de plus qu'elle n'a aujourd'hui, comme il
conste par ses habitans qui sont les mêmes
en force & en grandeur, comme il conste
par - ses productions, par les animaux & les
plantes, toujours spécifiquement les mêmes.
Point d'espèce nouvelle, point d'espece perdue, depuis Auguste, depuis Romulus, depuis
Enée. . . . . Que penser de la Gréce, qui du
tems de Thémistocle & d'Aristide, étoit la
même qu'en 1779? . . . . . de l'Asie qui du
tems d'Alexandre ne nourrissoit que les hommes

P. 345.

mes & les animaux qu'elle nourrit aujourd'hui, même efpece, même grandeur? ....
Quelle monotonie de la part des *molécules actives, vivantes, indeftructibles*, qui lorfque la terre eft plus refroidie, produifent de nouvelles efpeces dont le tempérament differe de celui du renne autant que la nature du renne differe de celui de l'éléphant! (a).

P. 252.

J'oubliois de parler de l'inquiétude que me donnent les éléphans *confinés depuis cinq mille ans dans la zone torride.* Je crains qu'à tout moment un envoié du Grand-Mogol ne vienne nous annoncer qu'ils font tous morts de froid. Car voici le cas où ils fe trouvent. *Ils ont féjourné cinq mille ans dans les climats qui forment aujourd'hui les zones tempérées*, & peut-être (b) *autant dans les climats du nord.* Après cinq mille ans, le nord n'étoit plus tenable; à moins de mourir de froid, il a fallu migrer *dans les climats qui forment aujourd'hui les zones tempérées*; cinq autres mille ans ont rendu encore cette plage inhabitable, fans l'afyle que préfentoit la zone torride,

P. 256.

***

(a) J'invite les efprits conciliateurs à accorder ce paffage avec les *caracteres ineffaçables & permanens de chaque efpece*, avec la *nature qui fe préfente toujours fous la même forme, qui n'altere rien aux plans qui lui ont été tracés* &c. Ci-deffus, p. 187.

(b) Ce *peut-être* eft parfaitement inutile. Il y a 15000 ans que les éléphans ont pris naiffance dans le nord; de 15000 ôtez 5000, & puis encore 5000, il n'y a plus de *peut-être* pour les 5000 reftans.

O

c'en étoit fait de ces grands & *prudens* animaux. Or voilà encore cinq mille ans révolus. Proportion gardée les éléphans doivent se trouver dans le même embarras où ils étoient il y a cinq mille ans, car la zone torride est avec les zones tempérées dans le même rapport de température, que celles-ci avec les zones glaciales (a) : mais le cas est bien différent, il ne leur reste plus de retraite. Il est vrai que suivant les dernieres nouvelles des Indes & de l'Afrique, ils se portent tout aussi bien qu'en l'année 10 ou 5 mille de leur ère, ils font même beaucoup plus grands que *Ci-dessus* ceux qui ont les premiers habité le nord * ; *p. 197.* mais un moment peut tout changer, & dans les affaires de ce monde on ne peut répondre de rien.

J'avoue qu'à force de recherches sur le refroidissement du globe, j'ai cru découvrir qu'il s'échauffoit tous les jours de plus en plus ; ce point de vue m'a frappé : il m'a paru que mes observations présentoient la vérification parfaite d'un systême nouveau sur l'accroissement

---

(a) S'il est vrai que les poles sont aplatis, l'obliquité des rayons les rend bien plus froids en comparaison des zones tempérées, que celles-ci en comparaison de la zone torride. Ainsi, proportion gardée, la zone torride doit se refroidir plutôt relativement aux zones tempérées, que celles-ci relativement aux poles.

fement de la chaleur terreftre (a); mon im-
partialité, mon éloignement de toute fpécu-
lation hypothétique, me défendent d'adhérer à
cette idée. Mais fi je ne veux pas qu'on
étende les conféquences des faits inconteſta-
bles jufqu'à l'augmentation de la chaleur du
globe, je crois qu'il eſt de la bonne logique
de les regarder comme une preuve bien certaine de la non-diminution.

Du tems d'Orphée, comme nous l'avons
dit, les bords du Tanaïs étoient en tout tems
un rempart de glaces; aujourd'hui, au moins
en été, on y rencontre des plages délicieu-
fes. —— Le Pont - Euxin ne fe gele plus,
au moins dans fa totalité, à peine offre-t-il
dans les plus rudes hivers quelques glaçons
épars; il n'y a pas deux mille ans qu'il ne
faifoit qu'une glace folide & unie : le pauvre
Ovide fe défoloit à cet afpect, & ne s'ima-
                                        ginoit

_____

(a) Mr. le baron de Marivetz ne doute pas
d'un moment que la chaleur du globe ne pren-
ne des accroiſſemens très - fenſibles ; comme on
peut voir dans fon *Proſpectus d'un traité général
de géographie-phyſique. A Paris chez Quillau* 1779.
En conféquence de ces progrès du feu, il a
déja imaginé l'état de la France felon tous les
changemens qu'elle éprouvera jufqu'à la fin du
monde *conformément à une théorie déduite des
principes de la phyfique célefte*. . . . . Dès qu'on a
l'efprit de fyftème, on ne s'arrête jamais à la
vérité ; les découvertes même les mieux vues
conduifent à l'erreur par la démangeaifon qu'elles infpirent aux efprits préfomptueux de s'élan-
cer dans des efpaces inconnus, où ils s'éga-
rent & fe perdent.

ginoit fans doute pas que dans quelques fiè-
cles les chofes changeroient de face.

L. 3. Trift.
Eleg. 10.

Vidimus ingentem glacie confiftere Pontum.....
Nec vidiffe fat eft, durum calcavimus æquor.

M^r. de Buffon en réclamant fes reffources ordi-
naires, nous dira-t-il que le Pont-Euxin étoit
moins cultivé, qu'il y avoit moins d'habitans,
moins d'agronomes fur cette vafte étendue
d'eaux, qu'il n'y en a aujourd'hui ? —— Les
autres mers n'étoient pas plus à l'abri de la gelée.
Celle de Hollande a été prife encore en 564;
celle de Venife (chofe certaine, & qui paroît néanmoins incroïable) le fut en 860 (a)
&c. Depuis bien des fiecles ce fpectacle ne fe
reproduit plus. N'en doit-on pas conclure que
fi le globe n'eft pas plus chaud, il ne s'eft
du moins pas refroidi ?

A cela ajoutez que le mouvement augmente
toujours par la population & la cultivation des
païs autrefois déferts, & que les êtres en mouvement *font autant de petits foïers* (p 348).

Ci-deffus,
p. 60 &
fuiv.

—— Ajoutez le *frottement intérieur* de la
terre, calculé en raifon directe de la maffe
du foleil, de la maffe des cométes & des planétes; *frottement* dont l'effet doit être fans
doute mefuré fur fa durée, & qui produit

(a) *L'hiver de cette année*, dit Mezérai, *fut fi*
rude, que la Mer-adriatique fe glaça; de maniere
que les marchands de ces côtes portoient leurs den-
rées à Venife par charrois. Hift. de France, l. x.
p. 554 t. 1. édit. in-fol. de 1685. Les hiftoriens
d'Italie atteftent le même événement.

plus de chaleur durant 75000 ans que durant quelques jours. —— Ajoutez que le froid d'autrefois a fait *arriver les nains & les pygmées* (p. 40), & que celui d'aujourd'hui n'en fait plus venir (a). —— Ajoutez les faits qui parlent aux yeux de la multitude. Faut-il plus de tems , plus de matieres combuſtibles pour produire un grand incendie que du tems de Séſoſtris & de Nemrod ? Vit-on jamais autant d'incendies de villes, de villages & de forêts que durant le cours de ces dernieres années (b) ? La quantité de feu, échue en partage à notre globe , n'eſt donc pas diminuée. . . . Et ſi par une émanation auſſi conſtante qu'abondante , comme Newton l'aſſure , le ſoleil envoie ſon feu ſur la terre, ſi ce feu ne retourne plus à ſa ſource , & que d'un autre côté rien ne s'anéantiſſe dans la nature , ne doit-on pas être tenté de croire que la terre eſt aujourd'hui bien plus chaude qu'elle ne l'a jamais été ?

Mais abandonnons ce point de vue qui nous écarteroit de notre objet ; bornons-nous à admirer l'extrême antipathie de M^r. de Buffon pour les événemens conſignés dans les

---

(a) Voyez la p. 509 du 3e. vol. de l'Hiſt. nat. où Mr. de Buffon réfute l'exiſtence actuelle des races de géans & de pygmées. *Ce ſont , dit-il , des variétés individuelles & accidentelles , & non pas des différences permanentes qui produiroient des races conſtantes.*

(b) Voyez les gazettes & les journaux de 1778 & 1779.

Livres facrés. Le déluge, cette terrible cata-
ſtrophe du globe, qui anéantît toute la race
humaine, n'eſt qu'une petite inondation de
l'Arménie, dont le ſouvenir s'eſt conſervé
on ne ſait comment chez les Hébreux (p. 291).
Cette terre, qui ſuivant les aſſertions les plus
claires & les plus multipliées des auteurs inſ-
pirés (a), doit périr par le feu, périra par
une cauſe toute oppoſée, ſavoir, par le
froid; & tandis que les Anges même ignorent
le tems de la fin du monde (b), Mʳ. de
Buffon, par le moïen de la théorie du froid,
en fait avec la plus extrême préciſion, l'année
& même le jour. C'eſt *l'an* 93,291 *à dater
de ce jour* (c).

Cependant la future conflagration du globe
annoncée dans l'Ecriture, & dont il eſt impoſſible de calculer l'époque, eſt parfaitement
conforme à une des plus anciennes traditions
établies parmi les hommes. Les enfans de Seth,

(a) *Ille tunc mundus aquâ inundatus periit,
cœli autem qui nunc ſunt & terra, igni reſervati.*
2. Pet. 3. ỹ. 6. 7. ═══ *Elementa calore ſolventur, terra autem & quæ in ipſâ ſunt opera exu-
rentur.* Ibid. ỹ. 10. ═══ *Cœli ardentes ſolventur,
& elementa ignis ardore tabeſcent.* ─── *Dies enim
Domini in igne revelabitur.* ỹ. Cor 3. &c. A toutes ces autorités le cher Mr. Bailly répond, que
c'eſt-là une *idée ſuperſtitieuſe.* Aſt. anc. p. 283.

(b) *De die autem illo vel horâ nemo ſcit, neque Angeli in cœlo.* Marc. 13.

(c) Ce ſont ſes propres paroles, *Supplem. à
l'Hiſt. nat. t.* 4. *p.* 287, édit. in-8°.

au rapport de Flave Jofephe (a), la graverent
fur deux colonnes ; les philofophes les plus
célebres en ont reconnu la vérité (b) ; les
dieux même, dit un ancien poëte, la regardoient comme l'arrêt d'un irrévocable deftin
(c) ; les phénomenes les plus frappans & en
même tems les plus communs de la nature
femblent appuïer cette croïance générale, &
l'expliquer pour ainfi dire, par des tableaux
paffagers, mais terribles. Quand le feu s'amaffe
dans l'air, & couvre tout l'horizon des nuages dont il s'enveloppe, il nous donne par

---

(a) Je fais que le marquis Scipio Maffei a
écrit contre l'authenticité de ces deux colonnes ;
je pourrois le réfuter par les lumieres que me
fournit la favante differtation du P. Troilo * ,
mais je n'en ai que faire. L'autorité de Mr. Bailly *Phil. inf-*
me fuffit ; Mr. de Buffon, ne la récufera pas. *tit. Muti-*
Les anciens, dit Mr. Bailly, en rapportant & en *næ,* 1774.
adoptant le paffage de Jofephe, *avoient appris d'A-*
dam que le monde périroit par l'eau & par le feu ;
la peur qu'ils eurent que cette fcience ne fe perdît,
avant que les hommes en fuffent inftruits, les porta
à bâtir deux colonnes, fur lefquelles ils graverent
les connoiffances qu'ils avoient acquifes &c. Hift.
de l'aftron. anc. l. 1. éclairciff. § 1 & 2, p. 283 & 284.
(b) Voyez les témoignages d'Empédocles, d'Hé-
raclitus, de Sophocle, de Ciceron, de Lucrece,
de Lucain, &c. recueillis par le favant auteur de
la *Phyfica facra* (t. 1. p. 1521), qui ajoute cette réflexion : *Memoratu dignum eft antiquiffimas pariter &*
a verbo Dei remotiffimas gentes perfuafas fuiffe de
deftructione & quafi expurgatione mundi per ignem.

(c) *Effe quoque in fatis reminifcitur affore tempus*
Quo mare, quo tellus, correptaque regia cœli
Ardeat, & mundi moles operofa laboret.
L. 1. Metam.

Fugêre feræ & mortalia corda per gentes humilis stravit pavor.
I. Georg.

la chûte de la foudre & la multiplication des éclairs, une espece de prélude de l'incendie universel. Les animaux éperdus se dispersent, & l'effroi consterne les nations. Les Rois eux-mêmes sentent pourlors leur petitesse, & reconnoissent par une inquiétude secrete l'efficace terrible de ce feu dont toute la nature est pleine, & auquel il ne faut que de la liberté pour opérer la ruine du monde (a) .... Qu'au spectacle d'un tel orage, se joignent quelques volcans, mêlant leurs feux avec ceux des nues, couvrant de leurs laves les campagnes & les vignes, envoïant des pierres enflammées à des distances énormes; que de violens pâroxismes du globe détruisent en même tems les habitations humaines, renversent des montagnes, creusent des abymes, remplacent des florissantes cités par des lacs d'eaux souffrées & bouillantes. . . . . Si dans ce moment on demandoit aux systémateurs, s'il est plus vraisemblable que le monde finira par la glace que par le feu, je suis sûr qu'ils se décideroient pour le feu, & qu'ils ne feroient aucune difficulté de croire

. . . . à ce jour prévu par nos aïeux
Qui confondra la terre avec les cieux;
Lorsque la flamme en ravages féconde
Viendra sapper les murailles du monde,
Pour reproduire en ses vastes tombeaux
De nouveaux cieux & des hommes nouveaux.

J. B. Rousseau.

(a) Voyez ci-dessus les assertions de Pline, de Kircher & de Mr. de Buffon, p. 165.

SIXIEME EPOQUE

Lorfque s'eft faite la féparation des conti- P. 273.
nens (a).

LES deux continens ont-ils jamais été
joints ? L'Amérique étoit-elle autrefois
unie à l'Afie, l'Europe & à l'Afrique, pour
ne faire qu'une maffe de terre ferme ? Eft-il
bien fûr qu'elle ne tient plus aujourd'hui à
l'ancien continent par le nord ou nord-eft de
l'Afie (b) ? . . . Suppofé la féparation des deux
continens, s'eft-elle faite lors de la grande révolution du déluge, ou bien dans des tems

---

(a) Quoique je fuive fidélement le plan de Mr.
de Buffon, je n'ai pu toujours réunir fous la
même *Epoque* toutes les matieres que l'illuftre
auteur y traite : l'occafion, la fuite & la dépendance des idées, me les ont fait quelquefois
avancer ou reculer, pour réunir en un endroit
celles qui étoient éparfes dans tout l'ouvrage ; de
forte qu'on les trouvera dans l'examen des Epoques précédentes ou fuivantes ; car je crois n'a-
voir rien omis.

(b) Mr. de Buffon n'ofe pas affurer que cette
communication n'exifte pas (p. 296, 308, 316) ;
par conféquent la *féparation des continens* ne s'eft
pas encore *faite.* Cependant pour qu'on ne me
taxe pas de fubtilité & de chicane, je me contente d'obferver que le titre & le fommaire de
cette *Epoque* ne font pas bien clairement énoncés.

postérieurs ? &c. .... Ne paroit-il pas que toutes ces questions devroient être murement dif-
cutées , ou plutôt n'est-il pas raisonnable d'e-
xiger que pour faire de la séparation des continens une *Epoque* particuliere & précise, pour
P. 295. la fixer à la date de *dix mille ans à compter
de ce jour* , on ait éclairci & décidé toutes ces
questions de maniere à ne laisser aucun doute
sur l'événement même qui constitue l'*Epoque* ?
Or , c'est dequoi Mr. de Buffon ne s'est point
inquiété. Il suppose que les continens ont été
liés , qu'ils ont été séparés ensuite , & que
ce n'est point durant la grande révolution du
déluge que la séparation s'est faite. Suppositions dont il ne fournit pas la moindre preuve.
Après quoi il s'occupe d'une observation qui
ne fait rien du tout à la vérification de cette
sixieme Epoque de la nature. .

P. 273. *Comment est-il arrivé que cette séparation
des continens paroisse s'être faite en deux endroits , par deux bandes de mer qui s'étendent
depuis les contrées septentrionales , toujours
en s'élargissant jusqu'aux contrées les plus méridionales ? Pourquoi ces bandes de mer ne
se trouvent-elles pas au contraire presque paralleles à l'équateur , puisque le mouvement
général des mers se fait d'orient en occident ?
N'est-ce pas une nouvelle preuve que les
eaux sont primitivement venues des poles ,
& qu'elles n'ont gagné les parties de l'équateur que successivement ?* On sent d'abord que
de telles observations ne peuvent jamais conduire à des résultats clairs & sûrs. La figure
de la terre & de la mer présente aux hommes

mes à fyftêmes tout ce que leur imagination
y cherche. Rien ne reffemble mieux à ces
nœuds d'érables, qui tracent aux yeux d'un
oifif fpéculateur toutes les figures que fes
idées lui fuggerent. En peut-on fouhaiter
une preuve plus complette que ces vaftes chaînes de montagnes qui traverfent notre continent, & qui fuivant l'exigence des hypothefes de Mr. de Buffon, vont tantôt du nord Ci-deffus
p. 167.
au midi & tantôt du midi au nord ? ....
Mr. de Buffon voudroit trouver *des bandes*
de mer prefque paralleles à l'équateur, faute
de quoi cette *fixieme Epoque* va être l'ouvrage des eaux refluant des poles vers l'équateur. Il faut avouer que ce grand homme a quelquefois des envies plaifantes. Mais en quoi il eft
à plaindre, c'eft qu'au milieu de l'abondance il
cherche, il fe plaint, il finit par défefpérer de
rencontrer fes objets chéris. *Des bandes prefque*
paralleles à l'équateur ; en peut-on trouver une
plus belle que la Méditerranée ? en peut-on
fouhaiter une plus large & plus longue ? Et
le Pont-Euxin ? voilà encore une bande qui
n'eft pas indifférente. Et la Baltique depuis
Coppenhague jufqu'à Mêmel, & la Manche,
& le golfe du Mexique, & le golfe perfique,
& la mer du Canada &c ? Il y auroit de quoi
en faire une boutique. Mais ces bandes,
dira-t-on, font poftérieures à la féparation des
continens. Oh ! pour cela non. Certainement
la Mer-méditerranée exiftoit alors, puifque
c'eft à-peu-près dans ce même tems de la féparation de l'Amérique, que la Sicile a été féparée de l'Italie (p. 295), & que cette féparation
tion

tion eft impoffible & chimérique fans la Mer
méditerranée.

Mais abandonnons cette preuve de fait,
pour voir un moment pourquoi la féparation des continens doit être attribuée aux
eaux venues des poles. C'eft que *les pointes*
des continens font aiguifées vers le fud. Mais
fi les pointes ne font *aiguifées* que *vers le*
fud , comme effectivement elles ne le font point
vers le nord ni dans l'ancien ni dans le nouveau continent (a) , *les eaux* ne font donc
pas *venues primitivement des deux poles* ,
mais feulement du pole auftral. Mʳ. de Buffon répond qu'elles font venues *en plus grande*
quantité du pole auftral. Mais 1°. pourquoi
cette diftinction ? Puifque les poles font également aplatis , ils ont dû fe refroidir également (b) , & par-là recevoir & envoier les
eaux en quantité égale. —— 2°. Les *pointes*
n'étant point *aiguifées* vers le nord , il ne fuffit pas de dire que les eaux font venues
en plus grande quantité du pole auftral ; on
fera toujours en droit de raifonner ainfi : " Si
les *pointes aiguifées* étoient l'effet *des eaux*
venues des poles , elles feroient plus ou moins
aiguifées tant vers le fud que vers le nord ;
mais elles ne font point *aiguifées* vers le

P. 274.

(a) Pas plus au moins que vers l'occident ,
d'où les eaux ne font jamais venues.
(b) fuivant la phyfique de Mr. de Buffon.
Nous avons vu que fuivant la phyfique connue
& généralement admife , ce devoit être tout le
contraire, ci-deffus, p. 67.

nord , elles ne font donc pas l'effet *des eaux venues des poles* ,, ——— Un argument plus fimple encore , eft celui-ci. " C'eft *la retraite des eaux* qui a formé les montagnes , creufé les vallons , vuidé & élargi les grands baffins ; tout *cela eft poftérieur à l'ouvrage général des eaux* ; pourquoi *l'aiguifement des pointes* ne dateroit-il de la même Epoque ? Puifque nous favons qu'à la parole de Dieu , les eaux fe font retirées & *raffemblées en un feul lieu* , & *qu'alors la terre a paru* (a) ; pourquoi ne croiroit-on pas qu'un reflux fi fubit & fi terrible a *aiguifé quelques pointes* ? ——— Nous favons de plus , que durant l'efpace d'un an les eaux ont produit fur la terre des ravages inconcevables *, qu'à *leur retraite* elles ont fillonné des vallons , élevé & abaiffé des montagnes ** ; pourquoi n'euffent-elles pu *aiguifer quelques pointes* ? ,,

Ci-deffus p. 169.

* Ci-deffus p 102 & fuiv.

** Ci-deffus p. 170.

Je ne fuivrai pas M^r. de Buffon dans les voiages pénibles qu'il fait au Groenland & au Canada , d'où il part brufquement pour l'Iflande , le Spitzberg & Kamtfchatka ; obfervant par-tout les exploits des eaux , ou plutôt les dirigeant , les modifiant de maniere à trouver toujours leur ouvrage conforme à fes combinaifons ; calculant les chocs , les réfiftances , les réactions fuivant l'occafion & le befoin. Chemin faifant il a quelque embarras fur les éléphans qu'il trouve en Amérique ; il

P. 276, 277, 278, 279, 280, & 281.

(a) *Congregentur aquæ quæ fub cœlo funt in locum unum , & appareat arida. Et factum eft ita.* Gen. I.

conclut qu'ils y font venus *par les contrées septentrionales de l'Afie*, fans fonger que cette conclufion eft infiniment injurieufe à la puiffance des molécules (a). Après bien des aventures il fe repofe dans l'Atlantide de Platon. C'eft cette région fameufe, qui donna lieu à la féparation des continens, par fon entiere deftruction opérée apparemment par l'enfoncement de quelque grande caverne. *L'on peut attribuer la divifion entre l'Europe & l'Amérique à l'affaiffement des terres qui formoient autrefois l'Atlantide ; & la féparation entre l'Afie & l'Amérique (fi elle exifte réellement) fuppoferoit un pareil affaiffement dans les mers feptentrionales de l'orient.* On voit que la féparation de l'Afie d'avec l'Amérique étant incertaine, tout fe réduit à *l'affaiffement des terres qui formoient autrefois l'Atlantide.* C'eft donc cette Atlantide qui fait le fondement de cette *fixieme Epoque.* Examinons s'il eft bien folide.

P. 296.

(a) N'eft-il pas plaifant de raifonner fur la maniere dont les éléphans font arrivés en Amérique, tandis que les molécules les ont produits en Afie fans le moindre inconvénient, qu'elles font encore *de nouvelles efpeces, dont le tempérament différe de celui du renne, autant que la nature du renne différe de celle de l'éléphant*, p. 253, & que par *leur concours fortuit elles ont produit plus d'êtres que toutes les générations réglées.* Hift. n. t. 2. p. 320. —— De plus, puifque *le tranfport des plantes n'eft pas néceffaire pour rendre raifon de l'exiftence des végétaux, & que le même degré de chaleur produit les mêmes plantes* (Epoq. p. 268.), pourquoi faudroit-il fuppofer le tranfport ou la migration des animaux ?

1°. Suppofé l'affaiffement de l'Atlantide bien réel; pour en faire une Epoque particuliere, il faut démontrer que cet affaiffement ne s'eft pas fait durant le déluge, durant cette révolution terrible où tous les agens phyfiques ont concouru avec les eaux à faire une *terre nouvelle* *. En attendant cette démonftration, fans laquelle la *fixieme Epoque* ne date de rien, il eft raifonnable de croire que la figure qui eft demeurée au continent après la premiere & la feconde retraite des eaux, n'a pas fouffert de grande altération. M*. de Buffon lui-même obferve que les terres une fois confolidées demandent des efforts & un tems infini pour prendre une configuration nouvelle; au lieu que les terres *moins compactes & plus tendres* fe laiffent façonner fans réfiftance. On affure à la vérité que les prefqu'ifles fe changent en ifles par la deftruction des ifthmes qui les attachoient aux continens (a), & que par une efpece de compenfation, les ifles deviennent des prefqu'ifles par la formation de nouveaux ifthmes (b). Mais ces petites modifications

* Ci-deffus, p. 102.

P. 228.

(a) On donne pour exemple de ces événemens la féparation de la Sicile d'avec l'Italie. Virgile raconte qu'un terrible paroxifme du globe a rompu l'ifthme & divifé ces deux régions.

Hæc loca vi quondam & vaftâ convulfa ruinâ,
(Tantum ævi longinqua valet mutare vetuftas!)
Diffiluiffe ferunt, cùm protenus utraque tellus
Una foret : venit medio vi pontus & undis
Hefperium Siculo latus abfcidit. 3. Æneid.

(b) *Tempus erit rapidis olim cùm Pyramus undis*
In facram veniet, congefto littore, Cyprum.
Ovid. l. 15 Metam.

difications de la géographie du globe, fussent-
elles bien certaines (a), font très-insuffisantes
pour autorifer l'hiftoire de l'abforbition de
l'Atlantide, de la formation de la Méditerranée &c, par d'autres caufes que celles qui
ont opéré les grandes révolutions du globe.

2°. L'hiftoire de l'Atlantide, telle qu'on la
raconte ordinairement, a-t-elle un fondement
bien réel dans l'hiftoire ? Platon en parle comme d'un événement dont on l'a entretenu
dans fon enfance, & dont il convient, ne
pouvoir rendre un compte bien précis ; il fait
jufqu'à trois fois cet aveu important. Après
avoir étudié à fond tous les traits que ce
philofophe a recueillis fur l'Atlantide, un
Critique favant & profond a paru prouver,
que ce païs n'eft autre chofe que la Judée (b).

Du

(a) Je ne fais en vérité pas fi une feule de ces
révolutions eft bien conftatée. On peut remarquer dans le paffage de Virgile, que je viens de
citer, une contradiction frappante. C'eft, dit-il,
la violence & un événement fécond en ruines,
qui a opéré cette féparation : *vi & vaftâ ruinâ*;
& en même tems il affure que c'eft l'édacité
du tems, la marche lente mais deftructive des
fiecles : *tantum ævi longinqua valet mutare vetu-*
ftas. —— Et pour ce qui eft des ifles, qu'on
prétend fe changer en prefqu'ifles, celle qu'O-
vide nous difoit, il y a 18 fiecles, devoir fe
réunir au continent, eft encore aujourd'hui,
l'ifle de Chypre, comme elle l'étoit alors.

*Je n'ai
pu avoir
l'édition
françoife,
dont il n'e-
xifte plus
un exem-
plaire chez
les libraires
de Paris.

(b) Hiftorifch-critiquer Verfuch über die At-
lantiquer, ꝛc. *Effai hiftorique & critique fur les*
Atlantiques, où l'on indique le rapport qu'il y a
entre l'hiftoire de ces peuples & celle des Ifraëli-
tes, traduit du françois de Mr. Baer. A Francfort
*& à Leipfig 1777 **.* —— Ce qui peut fervir particulierement

Du premier abord cette opinion promet un développement peu satisfaisant ; on la regarde comme un paradoxe, susceptible peut-être de quelques ornemens d'érudition, mais peu propre à fixer le suffrage des savans qui cherchent la vérité préférablement à l'étalage des citations. Mais ce préjugé se dissipe à mesure qu'on avance dans l'ouvrage de M^r. Baer. On découvre des rapports si marqués & si multipliés entre la Palestine & l'Atlantide, qu'on a bien de la peine de les attribuer au hazard, & l'on finit par regarder pour vrai, ce qui d'abord n'avoit pas même paru vraisemblable (a).

---

culierement à assurer à ce traité le suffrage des savans ; c'est le rapport des observations de Mr. Baer avec celles de Mr. l'abbé Guerin du Rocher. Ce dernier ayant prouvé que l'histoire des tems fabuleux n'étoit qu'une altération de l'histoire des Patriarches ; il résulte de cette découverte un grouppe de lumieres qui rejaillit d'une maniere directe sur l'assertion de Mr. Baer.

(a) Il faudroit transcrire tout l'ouvrage de cet habile Critique, pour faire connoître les différentes observations par lesquelles il établit que l'Atlantide de Platon est réellement la Judée. Pour donner quelque idée de sa maniere de discuter cette assertion, il suffira de savoir que Mr. Baer montre dans le plus grand détail, que la forme & l'étendue de l'isle atlantique étoient les mêmes que celles de la Palestine ; que les mœurs des Atlantes étoient parfaitement conformes à celles des Juifs ; que le temple des Atlantes, la forme de leurs sacrifices, étoient exactement semblables au temple de Jérusalem & aux sacrifices des Juifs ; que tout le récit de Platon s'accorde parfaitement avec l'histoire des Juifs, à

P *quelques*

3°. Si l'Atlantide eſt un païs très-différent de la Judée, ſi ſon exiſtence particuliere & ſon affaiſſement ſont véritables, eſt-il dit pour cela qu'elle a quelque rapport avec la ſéparation des continens? Il eſt vrai que le P. Kircher dans ſon *Mundus ſubterraneus* place l'Atlantide dans la mer qui ſépare l'Europe & l'Afrique de l'Amérique; c'eſt-là où Mr. de Buffon a pris ſes idées ſur cette antique région (nous avons vu qu'il ſe tenoit volontiers à la parole de ce Jéſuite, dont d'ailleurs il ne ſemble pas faire grand cas *). Mais

* Ci-deſſus, p. 174 & 203.

quelques différences près dont Mr. Baer donne des raiſons très-plauſibles &c. Diodore de Sicile unit l'hiſtoire des Atlantes avec celle de l'Egypte. Sanchoniaton dit expreſſément que les dieux ou les héros qu'il célébre, & qui ſont les mêmes que les héros atlantiques, ſont nés aux environs de Tyr & de Biblos. Platon dit que la Mer atlantique dont il parle, dans le tems de l'expédition des Atlantes fut guéable, ce qui fait une alluſion manifeſte au paſſage de la Mer-rouge; il dit encore en termes formels que les Atlantes regnoient d'un côté, depuis la Lybie juſqu'en Egypte &c. Platon nous avertit que les noms propres dont il ſe ſervoit dans la deſcription de l'Atlantide, n'étoient que des traductions littérales du ſens que ces mêmes noms offroient dans la langue du pays. Or on ſait qu'*atlas* eſt ſynonime d'*athleta*, lutteur, combattant &c; Jacob eſt connu par ſa lutte contre l'Ange, qui lui a fait donner le nom d'*Iſraël*. Les Atlantes deſcendoient d'*Uranus*, & Abraham étoit d'*Ur* en Chaldée. Saturne, fils d'Atlas, ſignifie en arabe la même choſe qu'*Eſau* &c.

Mais 1°. Kircher en fait une ifle (a), & par conféquent les continens étoient déja féparés, non-feulement avant la deftruction mais encore avant l'exiftence de l'Atlantide. ——
2°. La fituation de l'Atlantide adoptée par Kircher n'eft pas du tout au gré des autres favans qui ont étudié les contes de Platon tout auffi bien que le Jéfuite. Rudbeck affure que l'Atlantide n'eft autre chofe que la Suede ; d'autres prétendent que c'eft l'Amérique. Mais ce qui fur-tout eft remarquable, c'eft que l'illuftre Mr. Bailly, l'apôtre du refroidiffement du monde, l'ami & le confident de Mr. de Buffon (b) & de Mr. Court de Gebelin

---

(a) Voyez le *Mundus fubterraneus* 1e. partie, p. 82. On y trouve une carte géographique de cette région fameufe, que l'imagination de l'auteur tient fort éloignée des côtes d'Europe & d'Amérique, & dont la difparition n'a par conféquent aucun rapport avec la féparation des continens. De plus le Jéfuite attribue cet engloutiffement au déluge. *Ex hoc innotefcit terram multò aliam modernis temporibus conflitutionem habere quàm olim ante communem mundi cataclyf-mum.* Ibid. p. 83.

(b) Si Mr. de Buffon cite à-peu-près 45 fois le *favant & l'illuftre Mr. Bailly,* Mr. Bailly s'en rapporte bien autant de fois à Mr. de Buffon. Ces Meffieurs font affaut de confiance & de déférence. Mr. Bailly cite jufqu'aux *difcours prononcés à l'académie par Mr. de Buffon,* où l'on n'eût cru trouver que des complimens, & où l'hiftorien de l'aftronomie trouve des lumieres propres à fixer les notions humaines.

belin (a), a vu clairement que l'Atlantide
n'étoit autre chofe que le Spitzberg., païs
compofé de rocs & de glaces, fitué au nord
de la Laponie, au 78.ᵉ degré de latitude,
avec laquelle l'Amérique, eût-elle été jointe
tout du long à l'Afrique & l'Europe, n'auroit jamais eu de communication continentale.

C'eft donc fur un événement ou fabuleux,
ou douteux, certainement défiguré & qui
fe prête à toutes les imaginations, que Mᵣ.
de Buffon appuie une longue fuite de raifonnemens, qui s'évanouiffent à la lecture
de la Genefe, & au fimple récit des deux
retraites des eaux, rapportées dans ce Livre
divin. Mais fi le fondement de la *fixieme
Epoque*, je veux dire, l'objet & l'événement
qui en fait le fond, n'a, comme l'on voit,
aucune confiftance phyfique ni hiftorique,
c'eft bien autre chofe de la date où cette
Epoque prend fa naiffance & marque la fin
de l'Epoque précédente. N'en trouvant rien
dans les livres anciens & modernes, je dois
m'en tenir à Mᵣ. de Buffon. *C'eft*, dit-il,
à la date de dix mille ans à compter de ce

(a) Je ne connois pas d'ouvrage plus parfaitement femblable à celui de Guillaume Poftel,
intitulé *La clef des chofes cachées depuis le commencement du monde*, que le *Monde primitif ana-
lyfé & comparé dans fon génie allégorique & dans
les allégories auxquelles conduit ce génie.* C'eft ce
dernier ouvrage que Mr. Bailly cite plus de 50
fois, toujours avec les plus grands éloges, en
particulier *Aft. anc.* p. 19, 91 &c. *Lett. fur les
fcien.* p. 202, 232 &c.

jour (p. 295). Mais comme *cette terre at-*
lantide étoit très-peuplée, gouvernée par des
Rois puiſſans qui commandoient à pluſieurs
milliers de combattans (p. 277), & que cependant alors il n'y avoit pas encore un ſeul
homme ſur la terre, puiſque *depuis la créa-*
tion de l'homme il ne s'eſt écoulé que ſix ou
huit mille ans (p. 51); j'avoue que mon
embarras eſt extrême & que je ne puis bien
comprendre comment 2 ou 4 mille ans avant
l'exiſtence des hommes, l'Atlantide eut déja
des *Rois ſi puiſſans* & tant *de milliers de*
combattans. Que dis-je ? *Ce n'eſt que depuis*
environ trente ſiecles (3000 ans) *que la*
puiſſance de l'homme s'eſt réunie à celle de la
nature (p. 338). De ſorte que je ſuis obligé
de finir cet article comme les précédens, ſans
avoir pu allier & combiner les idées de l'illuſtre ſyſtémateur. Il faut croire que vivant
dans la 75000e année d'un globe dont le feu
vivifiant eſt déja en grande partie diſſipé,
mon ſang, pour me ſervir des expreſſions de
Virgile, *refroidi tout autour de mon cœur,* 2. Georg.
ne me permet pas de rien comprendre à ces ỿ. 482.
Epoques de la nature.

... Has ne poſſim naturæ accedere partes,
Frigidus obſtiterit circum præcordia ſanguis.

SEPTIEME ET DERNIERE EPOQUE.

Lorfque la puiffance de l'homme a fecondé celle de la nature.

Page 322.

Gen. II.
15.

Gen. III.
19.

RIEN de plus inconteftable que l'union de ces deux puiffances. *Dieu*, dit l'Ecriture, *a placé l'homme dans un jardin délicieux pour le cultiver.* Lorfque peu après il le condamna *à manger fon pain à la fueur de fon front*, la fertilité de la terre devint encore plus dépendante du travail & de l'induftrie du cultivateur. Mais vers quel tems l'homme eft-il venu pour feconder la nature? A quel point & à quel degré d'influence & de coopération peut-il la feconder? Ce font les feules queftions qu'on peut fe permettre dans l'examen de cette dernière Epoque.

Si nous nous en rapportons à M^r. de Buffon, ce n'eft que l'an 67,000 ou 69,000 (p. 51.) ou même l'an 72,000 (p. 338) que *la puiffance de l'homme s'eft réunie à celle de la nature.* Mais fi nous retranchons de cette longue fuite d'années tout le tems qu'il a fallu pour confolider le globe, pour pouvoir le toucher, pour l'attiédir au point de recevoir les eaux &c; retranchement indifpenfable, dès qu'il eft démontré, comme il l'eft, que la terre n'a point été dans un

état de fufion ni d'incandefcence (a), qu'elle
ne s'eft point refroidie, (b)... fi nous retranchons le tems emploïé par les marées
pour la formation des ardoifes, & par les
végétaux pour former des dépôts de houille,
comme il faut le retrancher fans doute depuis qu'on ne peut douter que les marées
ne font point les ardoifes (c), que les végétaux ne croiffent pas fur le verre pur
(d), & que la houille n'eft point une fubftance végétale (e)... fi nous retranchons
le tems où les élephans ont habité le nord,
comme nous devons le faire depuis que
nous fommes bien fûrs qu'ils n'y ont jamais
habité (f)..... fi nous retranchons enfin le
tems emploïé par les Rois de l'Atlantide à
regner fur des peuples qui n'exiftoient pas
de l'aveu de Mr. de Buffon lui-même (g); nous
verrons que l'homme eft venu *feconder la
nature* dans un tems qui répond parfaitement aux tables chronologiques de Moïfe.

Une difficulté fe préfente. Ce font les
connoiffances aftronomiques des Patriarches,
qui ont fait imaginer à Mr. Bailly un ancien peuple perdu dont ces connoiffances
dérivoient. Mr. de Buffon ne manque pas
de gémir beaucoup fur l'extinction de cette
antique race d'aftronomes; & pour qu'on ne
doute pas de fon exiftence, il nous donne
comme un monument & un *débris* de leurs

(a) Ci-deffus p. 43 & fuiv. ===== (b) p. 199.
==== (c) p. 77. ==== (d) p. 140. ==== (e) p.
137. ==== (f) p. 181. ==== (g) p. 228.

P. 334

vastes connoissances *la période de six cents ans, que Josephe nous a transmise sans la comprendre.*

Une période dont parle Josephe *sans la comprendre*, voilà d'abord un fondement bien lumineux. Ce Josephe dont on conteste si légerement l'autorité quand on a quelque intérêt contraire, devient ici un témoin irréprochable (a). Admettons la période, admettons tout ce que Josephe en dit, que s'enfuit-il ? Que la longue vie des Patriarches leur a facilité les connoissances astronomiques. C'est-là toute la conclusion que Josephe en tire ; & puisqu'il faut nous régler sur son autorité, il faut nous en tenir à ce qu'il dit (b). M^r. Cassini,

---

(a) Les auteurs de la nouvelle *Histoire universelle* disent tout uniment, que *tout ce qu'on raconte de l'astronomie antidiluvienne, est fondé sur une erreur de Josephe.* T. I. p. 245. édit. de Paris. ─── Mr. Cassini doute *s'il est bien vrai, que l'année dont les anciens Patriarches se servoient, fût la grande période de six cents ans &c.* C'est M. de Buffon lui-même qui transcrit ce passage de Cassini, t. 2. p. 342. ──── Le savant Mr. Goguet prétend que la période, dont parle Josephe, n'est autre chose que le *Neros* des Chaldéens; Mr. de la Lande (*Ast. n.* 1225) ne rejette pas cette explication, il se contente de la regarder comme *douteuse*... Qu'on juge d'après cet exemple & d'après tant d'autres de la solidité des fondemens sur lesquels Mr. Bailly & Mr. de Buffon établissent leurs *démonstrations* ; car c'est ainsi qu'ils appellent les plus légeres, les plus inconsistantes conjectures, dès le moment qu'elles semblent favoriser leurs opinions.

(b) *Propter virtutes & gloriosas utilitates quas Jugiter perscrutabantur, id est, astrologiam & geometriam,*

plus aftronome que Jofephe, ne voïoit dans cette période d'autre conféquence finon que *dès le premier âge du monde les hommes avoient déja fait des progrès dans la fcience du mouvement des aftres.* M^r. Caffini n'igno-roit pas quelles découvertes des obfervateurs attentifs pouvoient faire durant une vie de 900 ans, dans une condition (les premiers hommes étoient des bergers) qui les plaçoit nuit & jour vis-à-vis des aftres, dans une région où le ciel eft toujours ferein. Voïageant par une de nos provinces, cet habile aftro-nome avoit trouvé un jeune ruftre, dont il admira la fcience aftronomique, qu'il amena avec lui & dont il prit plaifir à perfectionner les lumieres; il conclut fans peine de cet exemple ce que pouvoient avoir été les premiers obfervateurs des aftres. —— Qui ne fait d'ailleurs combien la pureté & la paix de l'ame, l'innocence & l'intégrité des mœurs, la modération des défirs, telles qu'on les re-marque dans la vie des Patriarches, contri-buent à l'accroiffement des connoiffances, fur-tout de celles qui fuppofent dans l'intelligence une fublimité & une promptitude particu-lieres? C'eft à cette feule raifon qu'un ancien a cru pouvoir attribuer les premieres notions de l'aftronomie:

Ep. t. 2. p. 342.

---

metriam, Deus iis ampliora vivendi fpatia condona-vit, quod nunquam difcere potuiffent, nifi fexcen-tis viverent annis, per tot enim annorum curri-cula magnus annus impletur. Antiq. judai. l. 1. c. 4. très-anc. édit. fans date ni nom d'imprimeur.

Felices animos quibus hæc cognoscere primis,
Inque domos superas scandere cura fuit !

Credibile eft illos pariter vitiifque locifque
Altiùs humanis exeruiffe caput.
Non Venus & vinum fublimia pectora fregit,
Officiumque fori, militiæque labor ;
Non levis ambitio perfufaque gloria fuco,
Magnarumque fames follicitavit opum.
Admovêre oculis diftantia fidera noftris,
Ætheraque ingenio fuppofuêre fuo.

A cela ajoutez que le progrès des fciences
n'eft pas proportionnel au tems qui s'eft écoulé
depuis leur origine. Il dépend de cent circonftances qui fe réuniffent dans un fiecle, &
qui ne fe retrouvent plus dans une très-longue
fuite d'années. En 20 ans d'un fiecle éclairé
on avance plus que dans mille ans d'ignorance & de barbarie.... Que de fciences font
reftées, pour ainfi dire, au berceau, à la
Chine, au Japon, en Europe même! Les premiers pas ont été rapides, mais le génie
des fiecles fuivans les a arrêtés.... Ce n'eft
pas la fucceffion graduée des lumieres depuis
Jules-Céfar jufqu'à Grégoire XIII, qui a
opéré la réformation du calendrier; l'idée même n'en eft pas venue. Le génie de Clavius fit
en un moment ce que 15 fiecles n'avoient ni
ébauché ni préparé. —— Enfin pour ne
rien laiffer à défirer fur un article, dont M^r.
Bailly & après lui M^r. de Buffon ont fait
un fi grand ufage pour accréditer la fable
des anciens peuples perdus; remarquons avec
M^r. de la Lande, que rien n'eft plus aifé
que de calculer les périodes, tant celles de

600 ans comme celles de 19 , dès qu'on eſt une fois inſtruit du cours des aſtres. Ne calcule-t-on pas toutes les éclipſes , toutes les conjonctions du ſoleil & de la lune, depuis leur exiſtence juſqu'à leur fin ? *Le mouvement du ſoleil,* dit ce célebre aſtronome, *emploïé à meſurer le tems, pourroit ſuffire pour remonter à la plus haute antiquité, ſans craindre un jour d'erreur ſur 6000 ans, mais les beſoins de la chronologie & de l'hiſtoire ne remontent pas auſſi loin.* Aſtron. n. 1227.

Il eſt donc bien prouvé que l'homme n'a pas eu beſoin de plus de tems qu'il n'en a eu en effet, pour acquérir les premieres connoiſſances aſtronomiques, fût-il même bien démontré que la période luni-ſolaire en fît partie. Il me reſte à dire un mot de ſon pouvoir ſur la nature.

Le travail indiſpenſablement néceſſaire à la nature humaine, & qui dès-lors devoit entrer dans les vues & les arrangemens du Créateur (a), exigeoit que la terre & ſes productions

---

(a) Les payens un peu plus clairvoyans que nos ſublimes philoſophes, ont compris que la Providence avoit diſpoſé tellement l'ordre de la nature, que l'homme ne pût vivre ſans re ſentiment du beſoin, & des obſtacles qui combattent la jouiſſance du beau domaine qui lui eſt abandonné, ſans ces embarras, ces difficultés qui provoquent ſon activité, nourriſſent & perfectionnent ſon induſtrie.

Pater ipſe colendi
Haud facilem eſſe viam voluit . . . .
. . . . curis acuens mortalia corda . . .
Nec torpere gravi paſſus ſua regna veterno....
Ut varias, uſus meditando, extunderet artes.

1. Georg.

tions fuffent à un certain point dépendantes
de fes efforts ; que l'homme pût perfectionner,
modifier, diverfifier tout ce que la terre produifoit pour fon utilité & fon agrément. Mais
l'influence du travail de l'homme fur la fécondité de la terre, va-t-elle jufqu'à changer
la nature des chofes, jufqu'à altérer le plan
de la création ? Non fans doute, il ne fauroit effacer un feul *trait qui forme l'empreinte*
d'une efpece. C'eft Mr de Buffon qui nous l'affure lui-même (a). En vain ce naturalifte nous
fait-il une defcription élégante des fleurs & des
fruits que l'homme a perfectionnés. Leur invariable nature exifte dans toutes fes propriétés. Qu'on en néglige la culture, ils y retourneront, jufqu'à ce que le travail les ra-
mene à cette modification artificielle. Le Créateur

Ci-deffus, p. 187.

Ep. p. 357 & fuiv.

***

(a) C'eft une chofe admirable que la maniere dont l'illuftre naturalifte s'accorde avec la
phyfique des auteurs facrés, dès qu'il n'eft
point occupé de fes fyftemes. Quand il exprime fi élegamment la perpétuité & l'inaltéra-
bilité des efpeces, dont *les traits font gra-*
vés en caracteres ineffaçables & permanens à ja-
mais, la marche conftante de la *nature qui n'al-*
tere rien aux plans qui lui ont été tracés, & qui
dans toutes fes œuvres préfente le fceau de l'Eter-
nel, ne croit-on pas entendre ces beaux paffages
des pfeaumes, où le tableau de la création triomphe des révolutions & des fiecles, & fe reproduit toujours le même dans une fuite de générations innombrables? *Ipfe mandavit & creata funt,*
ftatuit eà in æternum & in fæculum fæculi., præ-
ceptum pofuit, & non præteribit. Pfal. 148. *In æter-*
num, Domine, verbum tuum permanet in cœlo. In
generationem & generationem veritas tua. Fundafti
terram, & permanet. Pfal. 118.

Hift. nat. t. 12. & 13.

teur à donné au germe des êtres vivans & végétans, foit dans le développement plus ou
moins parfait de fon efficace, foit dans fa
combinaifon avec différentes caufes étrangeres, un principe de diverfité, proportionné à
l'induftrie & aux befoins de l'homme, ainfi
qu'à l'étendue de fes regards & de fes recherches; diverfité qui unit à la fimplicité du
deffin la magnificence de l'exécution. C'eft
ainfi que l'homme peut diverfifier les fruits,
adoucir les fucs fauvages, corriger l'auftere
fimplicité de la nature, foumettre les animaux,
différencier leurs ufages & leurs inclinations,
varier même leur figure à un certain point, &
perpétuer les races avec l'empreinte faite fur
les individus; mais à tout cela il n'a rien mis
que l'induftrie & le travail; c'eft une fimple
découverte des richeffes de la nature, & l'effet
de fes rapports encore fubfiftans, avec fa
beauté & fa bonté primitives. Auffi le fuccès
de nos tentatives a-t-il fes bornes, & fe ref-
ferre-t-il dans l'efpace que Dieu a marqué.
Nous n'avons pas le choix des moïens, &
nos opérations doivent fe diriger fur les *rè-*
gles éternelles, comme dit un ancien, *éta-*
blies par la nature (a). Nous ne convertif-
fons point l'ivraie en bled (b); & fi le bled

_____

(a) *Continuò has leges æternaque fœdera certis*
Impofuit natura locis. 1. Georg.

(b) Autrefois Mr. de Buffon affuroit que c'é-
toit de l'ivraie que l'homme avoit fait le bled.
Devenu plus circonfpect, il ne fpécifie plus l'i-
vraie, & fe contente de dire que le bled *eft une*
herbe.

ne vient pas ſans culture, c'eſt l'effet d'une cauſe que les phyſiciens chrétiens n'ignorent pas (a). Nous découvrons, nous développons

---

herbe perfectionnée par le travail ; il a fallu, ajoute-il, la choiſir entre mille & mille autres, cette herbe précieuſe, il a fallu la ſemer, la recueillir nombre de fois pour s'appercevoir de ſa multiplication. p. 356. Oh ! c'eſt juſtement cette réflexion, qui détruit la découverte. *Il a fallu la choiſir entre mille.* Mais comment *la choiſir*, comment ſavoir qu'elle valoit mieux que ces *mille & mille*, qu'elle deviendroit *bled* plutôt que ces *mille & mille* ? ... Comment perſévérer dans cette culture un grand nombre d'années, recueillir cette herbe *mille & mille* fois ſans *s'appercevoir de ſa multiplication,* & néanmoins continuer toujours ? .... Eſt-ce ainſi que ſe font les découvertes ? ... Depuis 30 ans que Mr. de Buffon aſſure que l'ivraie ſe change en bled, quelqu'un a-t-il eu la patience de l'éprouver ? & ſi perſonne ne l'a eue ſur la parole d'un ſi grand homme, qui ſe ſeroit aviſé de l'avoir ſans aucun motif, ſans aucune eſpérance fondée d'en recueillir le fruit ?

(a) Mr. Bailly comprenant la fauſſeté de cette aſſertion de ſon ami, prétend d'après un certain Mr. Heinzelmann, que le bled exiſte en plante agreſte, je ne ſais dans quel coin de la Sibérie. Mais comme ni Mr. Pallas, ni Mr. Gmelin, ni aucun autre voyageur n'ont vu ce bled agreſte, nous le rangerons avec les Tchouden & autres belles choſes perdues* ; pour nous en tenir tout uniment au témoignage de Moyſe, qui nous apprend que ſi le bled n'exiſte pas en plante agreſte, ſi ſa conſervation exige la culture de la terre, c'eſt un effet ſenſible de l'arrêt qui condamne l'homme à ne ſe nourrir qu'au prix de ſon travail, & qui ordonne à la terre de ne pas lui fournir le pain ſans réſiſtance. *Maledicta terra in opere tuo : in laboribus comedes ex eâ cunctis diebus*

* Voyez en quel ſens le bled peut être agreſte, *Journ. hiſt. & litt.* 15. Juin 1777, p. 262.

les reſſorts, & la docilité des germes, mais nous ne poúvons en changer le caractere. Conformément à ces paroles d'un Naturaliſte bien inſtruit, & le grand maître de cette ſcience comme des autres, *l'homme ne peut eſpérer de recueillir des raiſins ſur les épines, ni des figues ſur les ronces* (a).

Enfin quelque modification, quelque perfection même que l'homme puiſſe donner aux productions de la terre, ſes efforts reſtent toujours beaucoup en deça de la ſimple nature. Y a-t-il dans nos jardins de fleur plus belle que le chévre-feuille, plus odoriférante que le muguet, d'une couleur plus douce que le bluet, plus brillante que le coquelicot? Où eſt le parterre qui retrace l'émail, le contraſte, & l'incroïable variété des prés? Y a-t-il un arbre plus chargé de fleurs que l'épine, plus riche en fruits que le noiſettier, le châtaigner, le palmier? Y a-t-il une herbe plus ſalutaire que le plantin, l'hyſſope, la centaurée, & cette multitude de ſimples qui tapiſſent les terres déſertes & les cîmes arides des montagnes? N'eſt-ce pas ſur des hauteurs inacceſſibles à la cultivation que

_____

bus vitæ tuæ ... *in ſudore vultûs tui veſceris pane.* Gen. 3. Voilà comme la phyſique de l'Ecriture nous tire d'embarras, lorſque que celle des plus brillans ſyſtémateurs bien loin de pouvoir nous inſtruire, ne ſait plus elle-même quel parti prendre.

(a) *Numquid colligunt de ſpinis uvas, aut de tribulis ficus?* Matth. 7

naiſſent les cédres & les larix, les grandes
& impoſantes productions de la nature vé-
gétante ? ..... L'homme a-t-il imaginé une
liqueur comparable à l'eau, un vêtement
plus propre au froid que la laine, une chaleur plus vivifiante que celle du ſoleil, une
lumiere plus douce que celle de la lune, un
ombrage plus frais, plus agréable que celui
d'un arbre ? La culture la plus ingénieuſe pré-
ſente-t-elle un coup d'œil comparable à celui de
la nature négligée, un aſpect plus raviſſant que
celui dont on jouit ſur les hautes montagnes ?
Le cours libre & ſauvage d'un ruiſſeau n'a-
t-il pas plus d'intérêt que les jets cadencés
des eaux factices ? —— Les ouvrages de la
nature ſont un fond de richeſſes, de commo-
dité & d'agrémens, ſur lequel il eſt permis
à l'homme de travailler, mais ſans y rien
changer d'eſſenciel, & ſans que ſon ouvrage
égale jamais la merveille & l'excellence des
matériaux.

A la fin de la ſeptieme & derniere *Epoque*
Mr. de Buffon s'étend ſur la morale, & diſ-
ſerte à la maniere de Chryſippe & de Xeno-
crate ſur la cupidité, l'ambition & les autres
paſſions qui agitent les habitans de ce globe.
P. 364. Il termine ſa harangue en aſſurant que *la vraie
gloire de l'homme eſt la ſcience, & la paix
ſon vrai bonheur.* J'aurois cru que la *vraie
gloire de l'homme,* c'étoit plutôt *la vraie vertu,* une vertu bien éclairée, ferme, conſé-
quente, fondée ſur des motifs ſolides & du-
rables à jamais. Je penſois qu'il y avoit plus
d'un genre de ſcience qui ne conduiſoit pas
à la

à la *vraie gloire*, & qu'il y auroit au moins
plus d'exactitude à dire que la *gloire de l'homme c'étoit la vraie science.* Mais quelque
glorieuse que puisse être *la science*, je ne
vois pas trop le rapport qu'elle a avec *la paix,
vrai bonheur de l'homme.* Je ne sais si Mr.
de Buffon apperçoit ces rapports un peu mieux
que moi, s'il les connoit par une expérience
mieux sentie. J'ai des raisons assez fortes d'en
douter. A la vérité je connois une certaine
science qui pourroit bien être amie de la
paix, contribuer beaucoup à l'acquérir & à
en assurer la possession ; mais je doute que ce
soit la science dont parle l'illustre naturaliste ;
je doute que ce soit celle qu'il développe
dans l'histoire des *Epoques* ; science qui ne
présente qu'un squelette de calculs, d'hypotheses empiriques, de combinaisons abstrai-
tes plus métaphysiques que physiques ; toujours
en opposition avec les premiers principes des
autres sciences, toujours opposée à elle-même ; contrastant d'une maniere frappante avec
la simple & consolante théorie de la création,
consignée dans les Livres divins ; tendant à
persuader que l'Etre tout-puissant & éternel,
l'Etre unique par essence, l'Etre qui seul pos-
sede l'immortalité & la communique, n'est
pour rien dans l'existence du monde, que *la
terre & les planétes ont été formées par les
seules loix de la nature ;* répandant la triste
idée du néant *sur le spectacle de l'univers si
vivant si animé,* pour me servir de l'ex-
pression de J. J. Rousseau, *& substituant
à cette grande harmonie des êtres, où tout*

P. 80.

parle de Dieu d'une voix fi docile, *un filence
éternel....* Seroit-ce bien-là la fcience qui produit la *vraie gloire*, le *vrai bonheur* de
l'homme ?... Le plus célebre de nos poëtes
lyriques ne l'a pas repréfentée avec ces brillans avantages :

*Œuv. choi-
fies de J.
B. Rouf-
feau, p.
49. Amft.
1749.*

A quoi vous fert tant d'étude,
Qu'à nourrir le fol orgueil
Où votre béatitude
Trouva fon premier écueil ?
Grands hommes, fages célebres,
Vos éclairs dans les ténebres
Ne font que vous égarer.
Dieu feul connoit fes ouvrages;
L'homme entouré de nuages,
N'eft fait que pour l'honorer.

Curiofité funefte,
C'eft ton attrait criminel,
Qui du royaume célefte
Chaffa le premier mortel.
Non content de fon effence,
Et d'avoir en fa puiffance
Tout ce qu'il pouvoit avoir,
L'ingrat voulut, Dieu lui-même,
Partager du Dieu fuprême
La fcience & le pouvoir.

A ces hautes efpérances,
Du changement de fon fort
Succéderent les fouffrances,
L'aveuglement & la mort;
Et pour fermer tout azyle
A fon efpoir indocile,
Bientôt l'ange dans les airs,
Sentinelle vigilante,
De l'épée étincelante
Fit reluire les éclairs.

À LA FIN des *Epoques* l'illustre naturaliste
a placé un certain nombre de *variantes*,
c'est-à-dire, de changemens dans les opinions
qu'il a cru devoir adopter. Telle est la mesure de la distance du soleil qui étoit autrefois
de 30 millions de lieues, & qui est aujour-
d'hui de 33 millions, p. 365 (a). ——Telle est
la grandeur des planétes, qui faisoient autrefois la 650e. partie du soleil, & qui aujourd'hui sont réduites à la 800e, p. 366.——
Telles sont encore ces mêmes planétes qui autrefois étoient d'une *matiere opaque*, lorsqu'elles furent séparées du soleil, & qui aujour-
d'hui sont reconnues pour avoir été aussi

(a) Quelle exactitude, quelle bonne foi dans
un compte où jamais deux astronomes n'ont pu
se rencontrer *! Il s'en tient, dit-il, *aux obser-* * Ci-dessus
vations faites lors du passage de vénus en 1769 ; p. 17.
mais ignore-t-il que la distance de 33 millions de
lieues est une conséquence de la parallaxe de
9 sec. (*Astronom. de la Lande n.* 1363) & qu'à ce
même *passage de vénus en* 1769, la parallaxe du
soleil a été trouvée être de 8 sec. 6 ou même
5 dixiemes seulement ? C'est le résultat des *cinq*
observations complettement réussies comparées par
Mr. de la Lande (*Ab. d'astron. n.* 734. édit. de
1774). Or une parallaxe de 8 sec. $\frac{1}{2}$ donne
35 millions de lieues. Voilà donc encore une
variante à ajouter dans quelque nouvelle édition
des *Epoques.* Q 2

lumineuſes que cet aſtre , p. 367 , (a). ━━━
Tels ſont les *rapports de la denſité des planétes avec leur vîteſſe & leur chaleur* , qui
ſont aujourd'hui tout autres par des *raiſons
qui avoient échappé* au ſavant naturaliſte , p.
368 & 371 (b). ━━━ Tel eſt l'intérieur du

(a) Après des obſervations multipliées ſur la
nature des taches du ſoleil , Mr. de la Lande nous
aſſure que cet aſtre eſt à la vérité couvert d'un
fluide ignée , mais qui a ſi peu de profondeur
qu'il laiſſe ſouvent entrevoir le noyau qui eſt
obſcur , opaque & ſólide. Si donc les planétes
ſorties du corps du ſoleil , n'ont pas été plus *lumineuſes que cet aſtre* , elles ont été *opaques* ....
Remarquons en paſſant que la ſolidité du corps
ſolaire ſuffit pour détruire toute la théorie de la
production des planétes , ci-deſſus , p. 11 & ſuiv.
━━━ La même obſervation de Mr. de la Lande
prouve que le verre pur ne flue jamais , pas même dans le ſoleil , ſuppoſé que cet aſtre ſoit compoſé de cette matiere. Ci-deſſus , p. 54.

(b) On peut juger de la nature du ſcrupule qui
prend à Mr. de Buffon ſur la meſure de cette
denſité , par ce qui a été dit ci-deſſus , p. 73. ━━━
Je connois peu de ſavans qui prennent plus de
plaiſir à faire de grands calculs , & qui ſoient en
même tems plus malheureux dans le réſultat , que
Mr. de Buffon. Nous avons vu combien il varioit
dans ſa longue chronologie , dans la détermination des maſſes , diſtances , élévations , profondeurs &c. Mais une choſe ſinguliere , c'eſt la légereté avec laquelle il adopte comme un fondement bien ſolide des erreurs palpables , ſur leſ-
quelles il accumule des calculs à perte de vue.
C'eſt ainſi , p. ex. que dans le 7e. vol. du ſuppl.
on voit des tables de population qui ne finiſſent
pas , toutes appuyées ſur ce principe , que la
mortalité n'eſt pas plus grande dans les villes les
plus peuplées que dans les villages , dans Paris que
dans *le bourg d'Epoiſſes*. Voyez le Journal hiſt.
& litt. de Luxemb. du 1. Mars 1779 , p. 317.

globe qui autrefois étoit *entierement inconnu*, & qu'on fait aujourd'hui être *composé de roc vif, vitreux*, p. 404, (a). —— Telles font les matieres calcaires, qu'autrefois *aucun feu connu ne pouvoit vitrifier*, mais qui aujourd'hui *peuvent comme toutes les autres être réduites en verre*, p. 407 (b). —— Telle est la maniere de penfer de M.r de Buffon au fujet de M.r de Voltaire, qu'il avoit autrefois tourné en ridicule, mais qu'il reconnoit aujourd'hui pour *l'honneur de fon fiecle*, aïant *regret de fes expreffions*, & cela autant *pour Mr. de Voltaire que pour la poftérité*, p. 410 (c).—— Telle est la direction des grandes montagnes de l'ancien continent qui, comme nous l'avons déja obfervé, s'étendoient autrefois *d'occident en orient*, & qui aujourd'hui *font dif-*
posées

(a) Voyez ce que nous avons dit de ce changement ci-deffus, p. 82.

(b) S'il eft vrai, comme le célebre Macquer l'affure, que les matieres calcaires n'entrent en fufion que lorfqu'elles font mêlées, *qu'aucun feu ne peut les fondre lorfqu'elles font bien pures*, &c, rien n'obligeoit Mr. de Buffon à cette rétractation qui pourroit bien être une nouvelle erreur. V. le Dict. de chymie, art. *Terre calcaire*.

(c) C'eft bien dommage qu'après une rétractation fi glorieufe à Mr. de Voltaire, ce philofophe ne puiffe revenir un moment fur la terre pour fe repentir également d'avoir dit en parlant du fyftême de Mr. de Buffon, qu'il avoit *fait un monde ridicule; étudié des fables contre nature*, & que fes

Ci-deffus p. 31.

doctes leçons
Sembloient partir tout droit des petites-maifons.

Q 3

posées du nord au sud, p. 440. —— Telle est l'origine des montagnes qui autrefois étoient toutes l'ouvrage de l'eau, mais dont les plus belles & les plus grandes sont aujourd'hui l'ouvrage du feu, p. 447. —— Tel est le pouvoir exclusif que possédoit autrefois *l'eau de former les grandes masses de gré*, pouvoir qui appartient aujourd'hui *au feu primitif*, p. 450. —— Telles sont les couches de matieres calcaires, qui autrefois *étoient inclinées dans les montagnes*, mais qui aujourd'hui *sont horizontales comme dans les plaines*, p. 456 (a). —— Telle est l'*explication* qui regarde *les pics des montagnes*, & *qui ne péchoit qu'en ce qu'elle les attribuoit à l'eau, au lieu qu'on doit les attribuer au feu* (on voit que le changement est peu considérable) p. 461. —— Telle est *la cataracte de la riviere de Niagara*, qui étoit autrefois *la plus fameuse, tombant de* 146 *pieds de hauteur perpendiculaire*, & qui aujourd'hui cede le pas à celle du Velino près de Terni, haute de 300 pieds, p. 469, (b) &c. &c. &c. . . . . A ces

---

(a) Il falloit bien en venir là pour sauver l'ouvrage des marées, ces feuillets si délicats & nécessairement de niveau avec la mer (ci-dessus, p. 77) ; & comme les couches des montagnes n'ont presque jamais ce niveau, il est indispensable de croire que *les montagnes elles-mêmes se sont inclinées en bloc*, p. 457.

(b) Mr. de Buffon dit qu'il a été *informé par Mr. Fresnaye, qu'il y avoit une si grande cataracte en Europe.* Comment comprendre qu'un homme tel que lui ne connoisse que depuis quelques années

variantes , dont M^r. de Buffon lui-même a dreſſé le catalogue , j'en ajouterai quelques - unes qui lui ont échappé.

Remonter aux différens âges de la nature, c'eſt parcourir la route éternelle du tems. Epoq. p. 2. (a)

Toute la matiere du ciel & de la terre a été créée ou tirée du néant dès le commencement. Ep. p. 48.

Plus j'ai pénétré dans le ſein de la nature, plus j'ai admiré & profondément reſpecté ſon Auteur. Ep. p. 43. *Le ſouverain Etre a fait de l'homme le témoin intelligent ; l'adminiſtrateur paiſible des merveilles de la création.* p. 271.

Tout concourt à prouver que la matiere a été créée in principio. Ep. p. 48.

La matiere eſt contemporaine au tems (qui eſt éternel.) Ep. p. 3.

Si Dieu l'eût permis , il ſe pourroit par les ſeules loix de la nature que la terre & les planétes euſſent été formées de cette maniere (par le choc fortuit d'une cométe). Ibid. p. 80. *Le concours fortuit des molécules a produit la plûpart des*

---

années , & par une *note communiquée* , une cataracte ſi voiſine de la France, dont tous les hiſtoriens d'Italie, tous les voyageurs & géographes ont fait de ſi magnifiques deſcriptions ! Il en avoit une bien pittoreſque dans ce même *Mundus ſubterraneus* , qu'il a mis tant de fois à contribution , & traduit quelquefois , comme nous l'avons vu , mot pour mot.

(a) Si je ne rapporte pas toujours les propres paroles de Mr. de Buffon, c'eſt préciſément pour être plus court & pour mieux rapprocher ſes idées; je porte la plus ſcrupuleuſe attention à ce que le ſens ne ſouffre rien de ce laconiſme. J'aſſemble quelques fois des aſſertions & des expreſſions éparſes , mais très-unies dans l'intention de l'auteur ; le lecteur s'en convaincra ſans peine en liſant attentivement les pages citées.

êtres. Hift. n. t. 2. p. 320. *La terre produit les animaux par fa propre force.* Ep. p. 255.

La comète à frappé la terre d'un coup oblique. Hift. nat. t. 1. p. 154.

L'impulfion a été CERTAINEMENT *communiquée aux aftres par la main de Dieu, lorfqu'elle donna le branle à l'univers.* Hift. nat. t. 1. p. 131.

Lors du choc de la comète la terre n'exiftoit pas encore, les planètes n'étoient pas formées. Hift. n. t. 1.p. 136 (a).

La mécanique rend raifon de cette impulfion d'une manière vraifemblable, Ibid. p. 132. (Quand de deux explications qui s'excluent mutuellement, l'une eft *vraifemblable*, l'autre ne peut être *certaine*).

Le mouvement de la terre eft l'effet du mouvement général des corps céleftes. Hift. nat. t. 13. p. v.

Le mouvement de la terre eft l'effet du coup oblique qu'elle a reçu de la comète Hift. nat. t. 1. p. 154.

La comète a frappé & fillonné le foleil. Ep. p. 67. (elle étoit donc folide au moment du choc.),

La matière de la comète s'eft mêlée à celle des planètes pour fortir du foleil. p. 74. (elle étoit donc liquide au moment du choc, car c'eft le choc qui a fait fortir les planètes).

La matière de la comète s'eft mêlée à celle des planètes. Ep. 74.

Le foleil n'a été diminué que d'un 650e. (Ep. p. 73.)

Les planètes avec leurs fatellites ne font pas la 650e *partie du foleil.* Hift. nat. t. 1. p. 136. (la matière de l'énorme comète ne s'eft donc pas mêlée à la matière des planètes).

(a) S'il fe trouve dans ce catalogue quelques *variantes* que j'ai déja eu occafion de faire connoître dans le cours des *Epoques*, c'eft que j'ai cru devoir les laiffer fubfifter ici comme dans leur place propre, afin de n'en pas troubler l'enfemble, & d'en rendre la recherche moins pénible.

Les ſatellites ont été ſéparés du corps de la planéte principale, par l'obliquité du coup de la cométe. Hiſt. nat. t. 1. p. 151.

Les planétes ne ſont pas demeurées lumineuſes, parce qu'elles n'ont pas eu à ſupporter comme le ſoleil toute l'action & la force pénétrante des vaſtes corps qui circulent autour de lui. Ep. p. 67. 73. 96.

La projection des planétes hors du ſoleil n'eſt pas donnée comme un fait réel & certain, mais ſeulement comme une choſe poſſible, (Ep. p. 66.) imaginée avec quelque vraiſemblance. Hiſt. nat. t. 1. p. 133.

Durant la troiſieme Epoque, les végétaux en immenſe quantité ont couvert les terres que l'eau avoit abandonnées. Ep. 153. 141.

Ces végétaux tombant de vétuſté furent entraînés par les eaux. Ep. p. 153.

Les ſatellites ont été projettés par le mouvement de la rotation des planétes. Ep. p. 87.

Les planétes ſe ſont éteintes parce que la matiere a changé de forme par la ſéparation qui s'eſt faite des parties plus ou moins denſes, ſéparation cauſée par le mouvement d'impulſion. Hiſt. nat. t. 1. p. 148.

Cette hypotheſe de la formation des planétes eſt une choſe qui parle aux yeux attentifs, c'eſt un grand ſyſtéme, qui eſt clair pour ceux qui ſavent voir. Ep. p. 75. (a)

La retraite des eaux date de la quatrieme Epoque. Ep. p. 187.

Les eaux avoient abandonné ces terres. p. 141; les eaux s'en étoient retirées. p. 189. (elles n'y ſont plus revenues dans toute la ſuite des Epoques pour entraîner les végétaux).

(a) *Il eſt probable, poſſible, apparent; je préſume, je conjecture, on eſt fondé de croire,* &c, telle eſt la maniere générale de Mr. de Buffon dans la préſentation des premiers traits de ſes hypotheſes: mais il ne tarde jamais à corriger cette timidité par des *il eſt certain, évident, inconteſtable, démontré par les faits, c'eſt une choſe qui parle aux yeux, un apperçu ſenſible,* &c.

Le globe dans son origine étoit de verre pur, toutes les matieres qu'il contenoit, étoient vitrifiées & de la même nature. Ep. p. 109.

Le globe au moment d'où date son refroidissement, étoit composé de matieres vitrescibles, calcaires & ferrugineuses. Suppl. t. 4. p. 80. & 91.

Les matieres calcaires sont l'ouvrage de l'eau. Les craies les marbres &c, toutes les matieres qui se convertissent en chaux, ont été formées dans l'eau. Ep. p. 20.

Le globe lors de son refroidissement (35000 ans avant l'arrivée des eaux) *étoit déja composé de matieres calcaires* (puisque c'est par la nature de ces matieres qu'il faut calculer son refroidissement). *Suppl. t. 4. p. 80. 81.* (a)

L'eau de la mer se change en terre. Les animaux à coquilles convertissent le liquide en solide. Ep. p. 20.

L'eau de la mer tient en dissolution des particules de terre, qui combinées avec la matiere animale, concourent à former des coquilles. Ibid.

Rien de vivant ne peut exister dans un globe qu'on

Les animaux à coquilles ont vecu dans l'eau bouil-

_____

(a) Ces incertitudes, ces variations continuelles prouvent bien la difficulté de prononcer sur l'origine des substances terrestres. Comment attribuer tout au feu primitif du globe ou à l'océan universel, dès qu'il est certain que la nature ne cesse un moment de travailler dans ce laboratoire d'où elle exclut tout témoin (*ci-dessus p. 98. 158.*) ? Comment peut-on prétendre que toutes les pierres sont l'ouvrage de la mer ou de la fusion du globe, tandis que les pétrifications nous presentent des pierres de toute espece, dont la mer & le feu primitif n'ont jamais approché, *des arbres devenus une pierre aussi belle & aussi dure que l'agathe* (Ep. t. 2. p. 181)? & cela par une opération souvent très-prompte, comme il est évident par la nature des choses qui ont subi cette métamorphose, & comme je suis à même de le prouver par des faits subsistans & incontestables. —— J'ajouterai à ce que j'ai dit des marbres (*ci-dessus p.* 117)

*ne peut toucher fans fe brû-
ler.* Suppl. à l'Hift. nat. t.
4. p. 91.

*Les raïons du foleil ne
pénétrent pas à 15 ou 20
pieds dans la terre.* Ep. p.
14.

*La mer éteint les volcans
lors qu'elle fe précipite dans
leurs foiers.* Ep. 191.

lante. Ep. 135. (tandis que
la chaleur du vafe fait bouil-
lir l'eau, on ne peut le toucher fans fe brûler.).

*Les raïons du foleil ont
porté la denfité du globe*
(dont le diametre eft de
3000 lieues) *de* 206$\frac{7}{8}$ *à*
440$\frac{7}{8}$. Hift. n. t. 1. p. 146.(a)
*L'eau venant à flots
remplir les profondeurs de
la terre, met en action les
volcans.* Ibid. p. 207.

---

117), que les couleurs des marbres font l'effet de diverfes fubftances & émanations fouterraines, particulierement des minéraux. J'en ai une piece dont les veines
d'un gris foncé contiennent vifiblement du fer. Mr. Col-
lini obferve que le même métal donne différentes couleurs aux agathes (*Voyage minéral* p.184). Mr. Romé de l'Ifle
a vérifié que le fer qui colore les marbres verds, y eft dans l'état
métallique, puifque ces marbres font prefque tous attirables par
l'aiman. *La variété des couleurs du marbre & leur éclat,* dit Mr.
Bertrand, *viennent des parties minérales ou métalliques, fouvent
mêlées ou diffoutes avec des fels* (Dict. des fofs. art. *Marbre*). Le
favant auteur ajoute que *le fond de la matiere qui compofe
le marbre, eft quelques fois de l'argille.* Or, fuivant Mr. de
Buffon, l'argille n'a rien de commun avec les coquillages?
La plupart des marbres, dit Mr. Demefte, (*Lettres fur la
chymie,* t. 1. p. 298) *contiennent autant & même davantage
de pierres ollaires, d'argille, de mica, de pyrites, que de molécules calcaires.* Ce font cependant ces marbres, que Mr.
de Buffon affure être entierement compofés de madrepores
& de coquilles, & même de coquilles encore évidentes ou très-
reconnoiffables. Ep. 20 & 21. . . . . Il n'y a peut-être pas de
moyen plus fûr de produire par un feul écart de la raifon
une étonnante multitude d'erreurs, que de généralifer des
faits particuliers.

(a) La raifon pour laquelle Mr. de Buffon diminue ailleurs cette denfité (p. 368), ne regarde point le foleil, mais
précifément la lune.

Tous les charbons de terre ne sont composés que des débris de végétaux. Ep. t. 2. p. 283.

Le charbon de terre, houille &c, sont des matières qui appartiennent à l'argill... Hist. nat. t. 1. p. 275.

Pour expliquer comment il se trouve des éléphans en Amérique, il faut supposer qu'ils y ont passé par le nord de l'Asie. Ep. p. 280, 37. *Par cette raison il ne s'en trouve pas dans l'Amérique méridionale.* p. 250.

Les animaux se produisent par les propres force de la terre. Ep. p. 255 *Selon le degré de froid o de chaud la nature produit des animaux dont le tempérament diffère de celui d renne autant que la nature du renne differe de celle de l'élephant.* p. 253. *La même chaleur produit par tout les mêmes plantes sans qu'elle y aient été transportées.* p. 268.

Les molécules organiques vivantes, toujours actives, sont indestructibles. Ep. p. 264.

Elles périssent dans le froid; la nature vivante ne peut subsister que jusqu'à l'année 168,123, c'est-à-dire, pendant 93,291 ans à dater de ce jour. Suppl. t. 4. p. 286.

Toutes les matieres du globe ont le verre pour base, & nous pouvons les réduire à leur premier état. Ep. 17.

*Les molécules organiques, cette matiere vivante (*Hist. nat. t. 13. p. IX*) qu'on peut démontrer aux yeux de tout le monde (*Hist. nat. t. 2. p. 258*), sont indestructibles (*Ep. 264*), incorruptibles (*Hist. nat. t. 2. p. 24*). Rien ne peut détruire la matiere organique (*t. 13. p. VIII.*)*

Les molécules organiques sont des parties PRIMITIVES *& incorruptibles.* Hist. nat. t. 2. p. 24.

Les molécules n'ont existé que lorsque les élemens d'une chaleur douce ont pu s'incorporer aux substances qui composent les corps organisés. Ep. 164.

A la feconde Epoque l'ex- | *Les molécules organifées,*
térieur & l'intérieur du globe | *cette matiere vivante &*
étoient également compofés | PRIMITIVE *, indeftructible,*
de matieres fondues par le | *incorruptible,* étoit donc
feu, toutes vitrifiées, toutes | alors *vitrifiée?* (a)
de la même nature. Ep. 109.

La fubftance des parties | *Ces corps organifés déja*
organiques eft la même que | *fenfibles ne font pas encore*
celle des êtres organifés... | *des animaux ni des corps*
Il faut des millions de par- | *organifés femblables à l'in-*
ties organiques SEMBLABLES | *dividu qui les produit.* Ibid.
AU TOUT *pour faire un* IN- | t. 2. p. 230.
DIVIDU SENSIBLE... *un polype n'eft qu'un affemblage de*
petits polypes, comme des millions de petits cubes de
fel accumulés font un cube fenfible. Hift. nat. t. 2. p. 20.

C'eft de la réunion des | *On peut croire que ces*
parties organiques vivantes, | *corps organifés ne font que*
qu'on peut démontrer aux | *des efpeces d'inftrumens qui*
yeux de tout le monde, que fe | *fervent à perfectionner la li-*
forme le corps de l'animal, | *queur féminale, &c. &c.*
ou du végétal; c'eft en quoi | Ibid. t. 2. p. 230. (b.)
confifte l'unité & la continuité des efpeces. T. 2. p. 258.

(a) *Matiere vivante, active, indeftructible,* & néanmoins
parfaitement *vitrifiée?* Et après une parfaite vitrification
toujours *active & vivante?* O richeffes, ô raviffantes merveilles des métamorphofes mythologiques, vous n'êtes rien
en comparaifon des prodiges rapportés dans les *Epoques de
la nature!*

(b) Voilà comme d'un trait de plume on renverfe dans
un moment de diftraction les fyftêmes les plus chéris. Une
autre réflexion plus décifive & d'un vrai plus fenfible eft
que, fuivant cette théorie de la génération, prife comme
nous l'avons vu, dans le *Mundus fubterraneus,* les mutila-
tions, les privations doivent être héréditaires. C'eft une
conféquence infaillible rendue fenfible par l'expérience op-
tique dont fe fert le Jéfuite (*p.* 335 2e. *part*) pour expli-

quer

La nature n'altere rien aux plans du Créateur, dans toutes ses œuvres elle présente le sceau de l'Eternel. Hist. nat. t. 12. p. IV. ressemblent point aux autres. Ep. 265.

L'empreinte de chaque espece est comme un type dont les principaux traits sont gravés en caractères ineffaçables & permanens à jamais. Hist. nat. t. 13. p. IX. Comme l'ordonnance est fixe pour le nombre, le maintien & l'équilibre des especes, la nature se présente toujours sous la même forme. Ibid.

Le concours fortuit des molécules produit plus d'êtres vivans que les loix physiques de la génération. H. n. t. 2. p. 320. En Amérique elles ont formé des especes qui ne

Des especes qui n'existent plus, ont existé autrefois. Ep. 431. 135. Les especes actuelles ne ressemblent aux anciennes que de nom; d'ordinaire les choses restent, & les noms changent avec le tems. Ici c'est le contraire: les noms sont demeurés & les choses ont changé. Ep. p. 359. La terre produit de nouvelles especes, dont le

tempérament differe de celui du renne autant que la nature du renne differe de celui de l'éléphant. Ep. p. 253.

La lune est le plus petit de tous les corps célestes. Ep. p. 55.

Le fer rouge est 25 fois

Un des satellites de Jupiter est aussi petit que la lune. Ibid. p. 88.

La terre a 50 fois plus

---

quer son hypothese, & qui se présente d'elle-même dans les passages que nous avons copiés ci-dessus. p. 176. *Quòd uti &c.* De la réunion &c. On peut consulter outre l'ouvrage que j'ai indiqué (*ci-dessus p. 174*), les *Opuscules de l'abbé Spalanzani traduits en françois par Mr. Sennebier, à Genéve 1777, & le traité de Mr. Ward, A Modern system of natural history, à* **Londres chez Newbury** 1777.

plus chaud que le foleil en été. Suppl. t. 4. p. 196. eft donc 25 plus chaude que le fer rouge).

de chaleur qu'elle n'en reçoit du foleil. Ibid. p. 95. (elle

Il faut faire attention à une chofe très-effencielle, qui eft l'unité du tems de la création.... toutes les efpeces d'animaux & de végétaux font à-peu-près auffi anciennes les unes que les autres. Hift. n. t. 1. p. 196. 197.

Les coquillages font nés vers l'an 25 ou 35 mille; les végétaux 10,000 *ans après; l'an* 60,000 *font venus les éléphans, & l'homme exifte depuis* 6 *ou* 8 *mille ans.* Epoq. per totum.

Depuis la création de l'homme il ne s'eft écoulé que 6 *ou* 8 *mille ans; les différentes générations du genre humain n'en indiquent pas d'avantage. Nous devons cette foi, cette marque de foumiffion à la plus ancienne, à la plus facrée de toutes les traditions; elle n'eft point oppofée à la faine raifon, à la vérité des faits de la nature.* Ep. 51.

C'eft à la date d'environ dix mille ans, à compter de ce jour en arriere, que la féparation de l'Europe & de l'Amérique s'eft faite (p. 295), *par l'affaiffement des terres qui formoient l'Atlantide* (p. 296), *païs très-peuplé gouverné par des Rois puiffants qui commandoient à plufieurs milliers de combattans.* p. 277.

Ce n'eft que depuis environ trente fiecles (3000 *ans) que la puiffance de l'homme s'eft réunie à celle de la nature, & s'eft étendue fur la plus grande partie de la terre; les tréfors de fa fécondité jufqu'alors étoient enfouis, l'homme les a mis au grand jour.* - Ibid. p. 538.

Les eaux fe font établies fur le globe l'an 25000, lorf-

La terre n'a reçu les eaux qu'à la date de 30 ou

Le refroidiffement de la terre au point de pouvoir

que la terre a été assez attiédie pour ne plus rejetter l'eau par une trop forte ébullition. Ep. p. 104.

35 mille ans de la formation des planétes. Ep. p. 132.

*voir la toucher, s'est fait en 34 mille 770 ans & ½. Suppl. t. 4. p. 287. (*quelle précision! tandis que le refroidissement, au point de recevoir les eaux, ne peut être calculé qu'à 10,000 ans près*).*

La terre est âgée de 75,000 ans. Ep. p. 95.

Il a fallu 76000 ans pour attiédir la terre au point de la température actuelle. Ibid. p. 345.

Son refroidissement à la température actuelle s'est fait en 74,832 ans. Suppl. t. 4. p. 287.

Il n'est fait aucune mention des planétes dans tout le récit de la création. Ep. p. 54.

*Moïse ne distingue pas les planétes, des étoiles fixes. Ibid. p. 54 (*comment donc s'assurer qu'il parle des unes sans parler des autres?*)*

*Le déluge est une grande révolution, un terrible événement (*Hist. nat. t. 1. p. 202*) produit par la volonté immédiate de Dieu. p. 199.*

Ce n'est qu'une inondation de l'Arménie, dont le souvenir s'est conservé chez les Hébreux. Ep. p. 291.

Les éléphans ont vécu & se sont multipliés dans les terres du nord; car on a peut-être tiré du nord plus d'ivoire que les éléphans des Indes actuellement vivans n'en pourroient fournir. Epoq. p. 28. Cette quantité d'ivoire démontre évidemment

*L'ivoire du nord est le produit du morse ou vache marine, qu'on appelle éléphant de mer, ou bête à la grande dent. (*Hist. nat. t. 13, p. 358 & suiv.*) Le morse a comme l'éléphant, deux grandes défenses d'ivoire. La tête ressembleroit*

évidemment que le nord est la patrie des éléphans, leur païs natal & la première terre qu'ils ont occupée. p. 243.

en entier à celle de l'éléphant, s'il avoit une trompe (p. 358, 359). Ses défenses sont grosses & longues comme la moitié du bras. Il n'y a point d'ivoire plus beau (p. 361). J'en ai eu deux, dont chacune avoit deux pieds un pouce de Paris de long, & huit pouces de circonférence par le bas (p. 373). Cet animal ne se trouve que dans les mers du nord (p. 331). Aux environs de Jenisci, le long du fleuve Anadir, de l'Obi &c. en Sibérie (p. 360). Toutes les dents qu'on apporte pour vendre à Jakutzk, viennent d'Anadirskoi.... Elles ont une aune de Ruffie de long & font grosses comme le bras. Ibid. &c. Il faut lire tout cet article, particulierement ce que dit Mr. de Buffon de l'énorme quantité de ces animaux (p. 363, 364), de la vente & du prix de leur ivoire (p. 363). Dans ce très-long article sur l'ivoire du nord, il n'y a pas un mot de l'éléphant, sinon pour exprimer ses rapports avec le morse. (a)

(a) J'ai paru souhaiter (*ci dessus p.* 182) que Mr. de Buffon nous indiquât *ces dépôts d'ivoire formés exclusivement des défenses d'éléphans trouvés dans le nord* ; mais puisque l'illustre naturaliste nous enseigne lui-même la vraie origine de l'ivoire de Sibérie, je dois convenir que j'ai eu tort d'insister sur un point qu'il avoit déja lui-même suffisamment éclairci contre lui-même. ——— Qu'on ait trouvé en Sibérie, comme dans les autres plages de la terre, dont la température ne convient pas à l'éléphant, quelques débris de ces animaux, à la bonne-heure ; c'est un objet de curiosité, & point de commerce. Mr. Gmelin, l'ancien, cité par Mr. de Buffon, (*Hist. nat. t.* 11 *p.* 90) convient qu'on a confondu avec l'éléphant, un autre animal plus analogue au bœuf ; & tout ce qu'il en dit désigne évidemment le morse. J'ai vu moi-même une de ces défenses fossiles, épaisse à son gros bout de 4 pouces,

R.

S'il y a eu des élephans dans le nord, c'est que pour éviter leur destruction dans les grandes révolutions de la terre, ces animaux se font échappés de leur endroit natal. Paſſage de Gmelin, l'ancien, adopté dans l'Hiſt. nat. t. 11. p. 92.	*Les élephans & autres animaux qui n'habitent aujourd'hui que les terres du midi, ont exiſté dans le nord comme dans leur patrie & leur païs natal.* Epoq. p. 243. (a)

& qui n'avoit pas deux pieds de long, ce qui ne convient nullement aux défenſes de l'éléphant. Hubner dans ſon *Dict. de commerce*, art. **Ruſſiſche Waaren**, aſſure que l'ivoire de Sibérie vient d'un amphibie très-commun dans ce pays. Mais rien n'eſt plus propre à diſſiper toute eſpece de nuages dont on voudroit envélopper cette matiere à la faveur de l'équivoque du mot *ivoire*, que ce qu'on lit dans les relations du P. Philippe Avril, imprimées à Paris en 1692, traduites en allemand & inſérées dans le **Weltboth** du P. Stœcklein t. 3. part. 17, n. 72. Le P. Avril entre dans tout le détail de la figure & des propriétés de cet animal, de la chaſſe qu'on en fait, des rivieres & des plages où il ſe tient, &c. C'eſt le chancelier même de la Sibérie, Mr. Mutſchim - Puchkim, qui avoit obſervé tout cela par lui-même, qui en a inſtruit ce Jéſuite, dont le rapport eſt d'ailleurs abſolument conforme à celui d'une multitude de naturaliſtes & de voyageurs, cités la plupart par Mr. de Buffon, *Hiſt. nat.* t. 13 p. 358 & *ſuiv.*

(a) En accordant au célebre naturaliſte un ſuppoſé faux, j'ai fait voir qu'il ne ſervoit point à prouver la demeure des élephans dans le nord; voici une réflexion plus ſimple encore, qui paroit infiniment propre à terminer cette queſtion, quelque ſoit l'origine de l'ivoire de Sibérie. " Si cet ivoire eſt le produit des élephans domiciliés dans le voiſinage des poles, pourquoi n'en trouve-t-on pas une quantité égale dans la Moſcovie d'Europe, la Laponie, l'Iſlande, le Canada &c.? La Sibérie étoit-elle donc plus chaude que toutes les régions placées ſous la même latitude?... Pourquoi n'en trouve-t-on pas tout autant en Italie, France, Allemagne, Turquie & autres plages des zones tempérées, où les élephans

Les défenfes d'éléphans trouvées dans le nord font les plus grandes, elles ont jufqu'à 6 ½ pieds. Epoq. t. 2. p. 221.

Je fuis très-perfuadé que les os trouvés à Aix ont appartenu à des phoques, à des loutres, à des lions marins. Ep. t. 2. p. 205.

Celles des éléphans d'Afrique & d'Afie font bien plus grandes, elles ont jufqu'à 9 pieds. Hift. nat. t. 11. p. 87.

Comme l'on ne connoit pas affez la forme des têtes de lions marins, phoques, ours &c, nous croïons devoir fufpendre notre jugement

fur les animaux auxquels ces offemens ont appartenu. Ibid. p. 206.

La race de géans fe trouve aujourd'hui en Amérique. Ep. p. 306. Leur race gigantefque s'eft propagée fans obftacle & prefque fans mélange. p. 307.

On peut douter qu'il y ait de tels hommes en Amérique. L'excès de grandeur ou de petiteffe dans l'homme ne regarde que les individus & ne fe perpétue pas

avec les races. Hift. nat. t. 3. p. 509. On n'eft pas fûr qu'il y ait des races conftantes & des peuples de géans. Ep. t. 2. p. 304.

C'eft à une température plus chaude que l'on doit attribuer les êtres gigantefques dans le genre des animaux, & toutes les productions

Les Patagons, (placés près du cercle polaire auftral) font une race conftante & fucceffive de géans. Ep. t. 2. p. 316. Tout récommence

phans en bien plus grand nombre (car 5000 ans leur avoient donné le tems de fe multiplier) ont demeuré précifément auffi long-tems que dans le nord?.... Ou bien l'ivoire de Sibérie n'appartient pas à l'éléphant, ou des raifons très-différentes de la prétendue chaleur des poles, favoir celles que nous avons indiquées ci-deffus (p. 182), l'ont accumulé dans cette province ,,.

R 2

tions gigantefques qui paroif-
fent avoir été fréquentes
dans les premiers âges du
monde, Ep. 141.

Les chiens, les loups &
les renards font chacun d'une
efpece différente. Hift. nat.
t. 5. p. 210.

Les dents à groffes pointes
mouffes ne peuvent être celles de l'hippopotame, dont les
dents font creufées en trefle,
elles ont appartenu à une efpece perdue, la plus grande de
toutes, Ep. t. 2. p. 232 & fuiv.

Sans pouvoir devenir utile
comme l'éléphant, le rhinocéros eft auffi nuifible par
fa confommation. Hift. nat.
t. xi. p. 192.

cemment on a vu un géant
né fur les confins de la Laponie. Ibid. p. 304. Les baleines, les gibbars, mol-
lars, cachalots, narwals & autres grands cétacées appartiennent aux mers feptentrionales, tandis que l'on ne
trouve dans les mers méridionales que les lamentins,
les dugons, les marfouins, qui tous font inférieurs aux
premiers en grandeur. (Ep. t. 1. p. 257). La nature n'a
jamais produit dans les terres du midi des animaux comparables en grandeur aux animaux du nord. p. 263.

Le chien, le loup, le re-
nard peuvent être regardés
comme ne faifant qu'une même famille. t. 14. p. 350.

Les dents d'hippopotame
qui n'ont pas encore été ufées
par la maftication, ont des
éminences coniques; les autres ont la figure de trefle.
Hift. nat. t. 12. p. 77. (a)

La confommation du rhi-
nocéros n'approche pas de
celle de l'éléphant. Ibid. p.
197. Sa nourriture eft auffi
bien moins précieufe. Ibid. p.
46. 181.

(a) J'ai cru devoir donner une autre explication des dents
creufées & non creufées de l'hippopotame, & je la crois
vraie (Ci-deffus p. 188); mais celle-ci eft également propre à
faire ceffer les regrets que donne l'illuftre naturalifte à la
perte de cette belle efpece d'animaux, la plus grande de
toutes.

Les animaux qui n'ont qu'un eſtomac & les inteſtins courts, font forcés, comme l'homme, à ſe nourrir de chair. Hiſt. nat. t. 7 p. 36.

Le lion ne vivant que dans les païs chauds, & n'aïant pu paſſer en Amérique que par le nord de l'Aſie, on doit conclure que le lion américain eſt d'un genre différent. Hiſt. nat. t. 9. p. 396.

Le tigre appartient à l'ancien continent, & ne ſe trouve pas dans le nouveau. T. 9. p. 58.

Le ſinge organiſé comme l'homme & ne raiſonnant pas, démontre que ſon ame eſt différente de celle de l'homme. T. 14. p. 61.

Si les baleines reſtent où elles ſont, c'eſt qu'elles n'ont pas même le ſentiment qui pourroit les conduire vers une température plus douce;
&

L'orang-outang, ſinge ſi ſemblable à l'homme, que l'un peut ſervir à l'anatomie de l'autre (Hiſt. nat. t. 14. p. 28), ne ſe nourrit que de fruits. Ibid. p. 48.

Le tigre pour la même raiſon n'a pas paſſé en Amérique (t. 9. p. 171), & cependant ſon genre s'y trouve ; les tigres de l'Amérique, quoique différens de ceux de l'ancien continent, ſont du même genre T. 14. p. 369.

Les tigres du nouveau continent ſont du même genre que ceux de l'ancien, T. 14. p. 369.

Si la penſée n'eſt pas née dans le ſinge, c'eſt qu'une différence ſi petite dans l'organiſation qu'on ne peut la ſaiſir, ſuffit pour détruire la penſée ou l'empêcher de naître. Ibid. p. 32. (a)

Le rhinocéros, animal bruſque & brut, ſans intelligence & ſans ſentiment, qui eſt en grand ce que le cochon eſt en petit (Hiſt. nat.

(a) Voyez ce qu'il faut penſer de cette aſſertion dans le Catéch. phil. p. 211, édit. de 1777.

& qu'il faut de l'inflinct pour fe mettre à fon aife, pour fe gîter commodément. Ep. p. 262.

les zones tempérées & enfin dans la zone torride. p. 250.

Les vagues & les fables forment des dunes qui font des collines tout-à-fait fem-blables aux autres collines, tant par leur forme que par leur compofition intérieure. Hift. nat. t. 1. p. 436.

Le nouveau monde eft une terre plus récemment peuplée que celle de notre continent ; la nature vi-vante, fur-tout celle des animaux terreftres y eft née tard. Epoq. p. 256.

Les grandes fociétés n'ont pu fe former en Amérique qui eft une terre nouvelle. Epoq. p. 326. exiftoient en Amérique, il y combinée avec la page 249.

La Sicile s'eft féparée de l'Italie à-peu-près dans le tems de la féparation de l'Europe & de l'Amérique. Epoq. p. 295.

nat. t. XI. p. 190.) habitoit autrefois le nord (Ep. p 242); quand le globe s'eft refroidi, il s'eft retiré dans

Les dunes ne font pas compofées de pierres & de marbre comme les monta-gnes qui fe font formées dans le fond de la mer. Ibid. p. 596.

Les éléphans, les rhino-céros, les hippopotames (pre-miers habitans du globe, arrivés, il y a 15,000 ans) ont exifté en même tems dans les contrées feptentrionales de l'Europe, de l'Afie & de l'Amérique. Ibid. p. 243.

Il ne s'eft écoulé que fix ou huit mille ans depuis la création de l'homme. Ibid. p. 51. Les animaux terreftres a 15,000 ans. Ibid. page 243

Ce n'eft peut-être que dans un fecond déluge, qu'il y a eu enfuite, que s'eft for-mé le golfe adriatique ainfi que la féparation de la Si-cile. Ibid. p. 290.

Par une lecture plus réfléchie que celle que mes occupa-tions

tions m'ont permis de faire dés ouvrages de M^r. de Buffon,
on découvriroit fans peine un bien plus grand nombre
de *variantes*. Si l'auteur qui durant une longue fuite d'années a donné à fon ouvrage toute fon attention, qui l'a
lu, relu, corrigé, réformé (*décies* fans doute, felon la
grande régle d'Horace, *art. poët.*), fi, dis-je, l'auteur lui-même n'a pas apperçu une feule de celles que je
viens d'indiquer, je fuis bien éloigné de croire que j'aie
recueilli toutes celles que fes ouvrages contiennent; je
fuis au contraire perfuadé qu'il y a de quoi en faire un
volume égal à un des *fupplémens* de l'*Hiftoire naturelle*.
Une telle collection n'auroit pas de quoi furprendre. *Le
faux*, dit J. J. Rouffeau, *eft fufceptible d'une infinité
de combinaifons; la vérité n'a qu'une maniere d'être.*

FAUTES A CORRIGER.

P. 8, *l.* 23, *au lieu de* p. 135, *lifez* p. 132.

P. 16, *l.* 7 *de la note* (*a*), anuun, *lifez* aucun. ——
Ibid. *l.* 3 *de la note* (*b*). comforme, *lifez* conforme.

P. 26, *l.* 4, *au lieu de la* page 47, *il faut citer* p. 48.

P. 29, *dans la note* (*a*). *lifez*, Exod. XII. 18. —— Luc.
XXIII. 54.

P. 34, *l.* 15, hébreux, *lifez* hébreu.

P. 68, *l.* 1. & p. 75, *l.* 28. 150 pieds, *lifez* 15 pieds.

P. 83, *l.* 6, il eft certain que, *effacez ces mots.* ——
Ibid. *l.* 15, s'imagineroit, *lifez* s'imaginoit. —— Ibid.
l. 18, Grillon, *lifez* Grignon. *Corrigez la même faute*
p. 84, *l.* 3 & *l.* 13, & p. 85 *l.* 3 *de la note.*

P. 83, *l.* 7, *de la note, après* Gmelin, *ajoutez* (le jeune.)

P. 101, *l.* 1. Woodwart, *lifez* Woodward.

P. 112, *l.* 23, *placez une virgule après* pur, —— Ibid.
dans la feconde addition marginale, *au lieu de* p. 4.
lifez p. 203. (a)

P. 159, *l.* 12, en a vu, *lifez* en a vues. —— Ibid.
l. 14, n'avoit, *lifez* n'avoient.

P. 204, *l.* 24, comme 1 & 32, *lifez* comme 31 & 32.
—— Ibid. *l.* 22, nos étés & nos hivers, *lifez* nos
hivers & nos étés.

P. 216, *l.* 18, des floriffantes, *lifez* de floriffantes.

(a) Je m'attends bien que parmi des citations fans nombre,
il y aura encore quelques fautes de ce genre, vu fur-tout
que l'ouvrage n'a pu être imprimé fous mes yeux. Je m'en-
gage à les rectifier dès le moment qu'on me les fera appercevoir & à ne rien laiffer défirer du côté de la plus févere
vérification.

TABLE DES MATIERES.

S

TABLE.

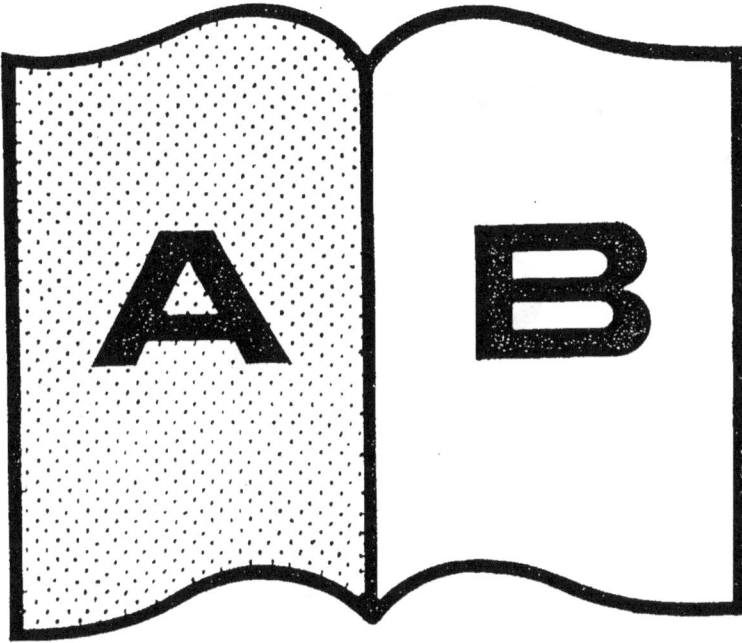

Contraste insuffisant

NF Z 43-120-14

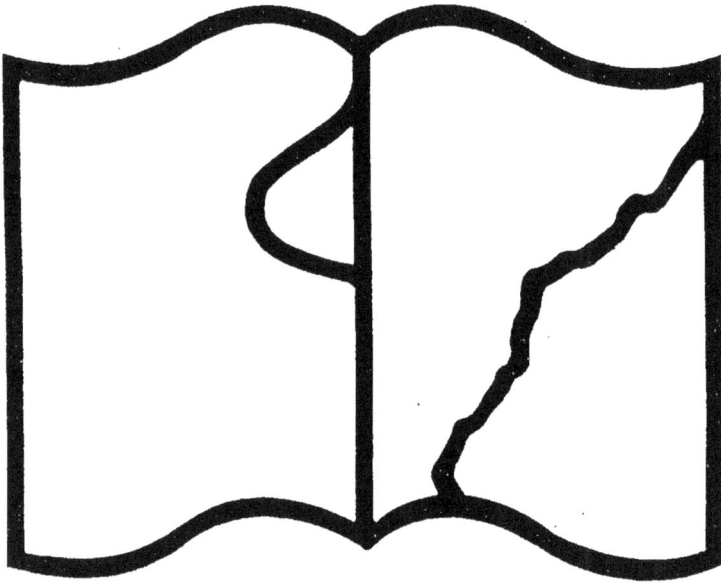

Texte détérioré — reliure défectueuse

NF Z 43-120-11

www.ingramcontent.com/pod-product-compliance
Lightning Source LLC
Chambersburg PA
CBHW072259210326
41519CB00057B/1972